上岗轻松学

数码维修工程师鉴定指导中心 组织编写

# 图解 电工 快速入门

## （视频版）

主　编　韩雪涛
副主编　吴　瑛　韩广兴

扫描书中的"二维码"
开启全新微视频学习模式

机 械 工 业 出 版 社

本书完全遵循国家职业技能标准并按照电工领域的实际岗位需求编号，在内容编排上充分考虑电工操作技能的特点，按照学习习惯和难易程度将电工操作技能划分成9章，即电工操作安全常识与急救，电工常用工具和仪表的使用规范，导线的加工和连接，常用功能部件的安装方法，常用低压电器部件的检测，变压器和电动机的检测，供配电系统的设计、安装和检验，供配电系统的故障检修，照明控制系统的故障检修。

学习者可以看着学、看着做、跟着练，通过"图文互动"的全新模式，轻松、快速地掌握电工基本操作技能。

书中大量的演示图解、操作案例以及实用数据可以供学习者在日后的工作中方便、快捷地查询使用。

本书还在重要知识点相关图文的旁边附印了二维码。读者只要用手机扫描书中相关知识点的二维码，即可在手机上实时浏览对应的教学视频，视频内容与图书涉及的知识完全匹配，晦涩难懂的图文知识通过相关专家的语言讲解，可使读者轻松领会，同时还可以极大缓解阅读疲劳。

本书是电工初学者的必备用书，也可以作为电工培训教材及各职业院校电工专业教学参考书。

## 图书在版编目（CIP）数据

图解电工快速入门：视频版 / 韩雪涛主编；数码维修工程师鉴定指导中心组织编写. — 北京：机械工业出版社，2018.3
（上岗轻松学）
ISBN 978-7-111-61585-9

Ⅰ．①图… Ⅱ．①韩… ②数… Ⅲ．①电工技术—图解
Ⅳ．①TM-64

中国版本图书馆CIP数据核字(2018)第294356号

机械工业出版社（北京市百万庄大街22号　邮政编码100037）
策划编辑：陈玉芝 王　博　责任编辑：王　博
责任校对：肖　琳　　　　责任印制：孙　炜
保定市中画美凯印刷有限公司印刷
2019 年2月 第1版第1次印刷
184mm×260mm・10印张・230千字
0001—4000 册
标准书号：ISBN 978-7-111-61585-9
定价：49.80元

# 编 委 会

# 前 言

电工操作技能是电工必不可少的一项专项、专业、基础、实用技能。该项技能的岗位需求非常广泛。随着技术的飞速发展以及市场竞争的日益加剧，越来越多的人认识到实用技能的重要性，电工操作技能的学习和培训也逐渐从知识层面延伸到技能层面。学习者更加注重电工操作技能能够用在哪儿，应用电工操作技能可以做什么。然而，目前市场上很多相关的图书仍延续传统的编写模式，不仅严重影响了学习的时效性，而且在实用性上也大打折扣。

针对这种情况，为使电工快速掌握技能，及时应对岗位的发展需求，我们对电工操作内容进行了全新的梳理和整合，结合岗位培训的特色，根据国家职业技能标准组织编写构架，引入多媒体出版特色，力求打造出具有全新学习理念的电工入门图书。

## 在编写理念方面

本书将国家职业技能标准与行业培训特色相融合，以市场需求为导向，以直接指导就业作为图书编写的目标，注重实用性和知识性的融合，将学习技能作为图书的核心思想。书中的知识内容完全为技能服务，知识内容以实用、够用为主。全书突出操作，强化训练，让学习者阅读图书时不是在单纯地学习内容，而是在练习技能。

## 在内容结构方面

本书在结构的编排上，充分考虑当前市场的需求和读者的情况，结合实际岗位培训的经验对电工操作技能进行全新的章节设置；内容的选取以实用为原则，案例的选择严格按照上岗就业的需求展开，确保内容符合实际工作的需要；知识性内容在注重系统性的同时以够用为原则，明确知识为技能服务，确保图书的内容符合市场需要，具备很强的实用性。

## 在编写形式方面

本书突破传统图书的编排和表述方式，引入了多媒体表现手法，采用双色图解的方式向学习者演示电工操作技能，将传统意义上的以"读"为主变成以"看"为主，力求用生动的图例演示取代枯燥的文字叙述，使学习者通过二维平面图、三维结构图、演示操作图、实物效果图等多种图解方式直观地获取实用技能中的关键环节和知识要点。本书力求在最大程度上丰富纸质载体的表现力，充分调动学习者的学习兴趣，达到最佳的学习效果。

此外，本书还开创了数字媒体与传统纸质载体交互的全新教学方式。学习者可以通过手机扫描书中的二维码，实时浏览对应知识点的教学视频。教学视频与图书的图文资源相互衔接，相互补充，能够充分调动学习者的主观能动性，确保学习者在短时间内获得最佳的学习效果。

## 在专业能力方面

本书编委会由行业专家、高级技师、资深多媒体工程师和一线教师组成，编委会成员除具备丰富的专业知识外，还具备丰富的教学实践经验和图书编写经验。

为确保图书的行业导向和专业品质，特聘请原信息产业部职业技能鉴定指导中心资深专家韩广兴亲自指导，以使本书充分以市场需求和社会就业需求为导向，确保图书内容符合职业技能鉴定标准，达到规范性就业的目的。

本书由韩雪涛任主编，吴瑛、韩广兴任副主编，韩雪冬、唐秀鸯、吴玮、周文静、高瑞征、张湘萍、张丽梅、朱勇、吴鹏飞、吴惠英、王新霞、马梦霞、宋明芳、张义伟参加编写。

读者通过学习与实践还可参加相关资质的国家职业资格或工程师资格认证，获得相应等级的国家职业资格证书或数码维修工程师资格证书。如果读者在学习和考核认证方面有什么问题，可通过以下方式与我们联系。

数码维修工程师鉴定指导中心
网址：http://www.chinadse.org
联系电话：022-83718162/83715667/13114807267
E-MAIL：chinadse@163.com
地址：天津市南开区榕苑路4号天发科技园8-1-401　邮编：300384

希望本书的出版能够帮助读者快速掌握电工操作技能，同时欢迎广大读者给我们提出宝贵建议！如书中存在问题，可发邮件至cyztian@126.com与编辑联系！

编　者

# 目 录

## 1.1 电工操作安全常识

▶ **1.1.1 电工触电的类型** ≫≫

在电工作业过程中，触电是最常见的一类事故。它主要是指人体接触或接近带电体时，电流对人体造成的伤害。人体组织中60%以上是由含有导电物质的水分组成的，因此，人体是个导体。当人体接触设备的带电部分并形成电流通路时，就会有电流流过人体，从而造成触电。

电工操作过程中容易发生的触电危险主要有三类：一是单相触电；二是两相触电；三是跨步电压触电。

**【人体触电时形成的电流通路】**

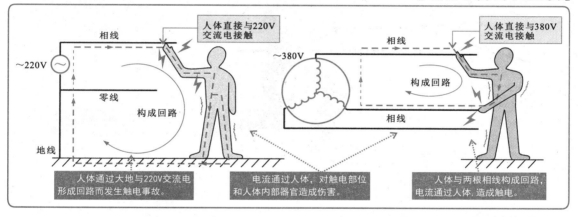

■ **1. 单相触电**

单相触电是指人在地面上或其他接地体上时，人体的某一部分触及使用交流电的带电设备或线路中的某相导体时，一相电流通过人体经大地回到电源接地中性点引起的触电。常见的单相触电主要有室内单相线路触电和室外单相线路触电两种形式。

**【室内常发生的单相触电事故】**

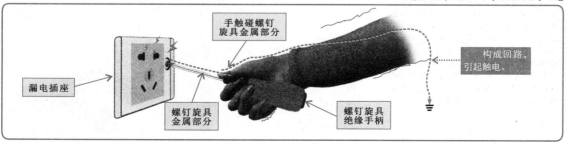

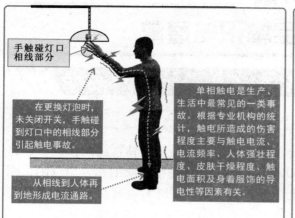

手触碰灯口相线部分

在更换灯泡时，未关闭开关，手触碰到灯口中的相线部分引起触电事故。

从相线到人体再到地形成电流通路。

单相触电是生产、生活中最常见的一类事故。根据专业机构的统计，触电所造成的伤害程度主要与触电电流、电流频率、人体强壮程度、皮肤干燥程度、触电面积及身着服饰的导电性等因素有关。

手触碰相线断线铜心

未关电源

构成回路，引起触电

在通常情况下，家庭触电事故大多属于单相触电。例如，在未关断电源的情况下，手触及断开相线与电源相连的一端将造成单相触电。

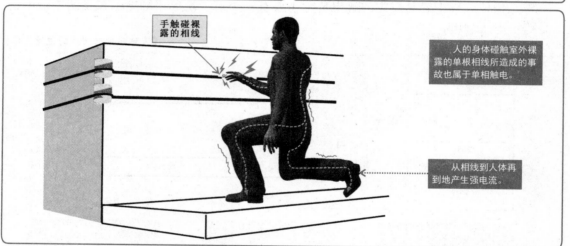

手触碰裸露的相线

人的身体碰触室外裸露的单根相线所造成的事故也属于单相触电。

从相线到人体再到地产生强电流。

## 特别提醒

根据伤害程度的不同，触电的伤害主要表现为"电伤"和"电击"两大类。其中，"电伤"主要是指电流通过人体某一部分或电弧效应造成的人体表面伤害，主要表现为烧伤或灼伤；"电击"则是指电流通过人体内部造成的内部器官的损伤。相比较来说，"电击"比"电伤"造成的危害更大。

当人体触电时，能够自行摆脱的最大交流电流（工频）为16mA（女性为10mA左右），最大直流电流为50mA。如果所接触的交流电流不超过上述值，则不会对人体造成伤害，个人自身即可摆脱。一旦触电电流超过摆脱电流，就会对人体造成不同程度的伤害。电流通过心脏、肺及中枢神经系统时的危害最大，电流越大，触电时间越长，后果也就越严重。

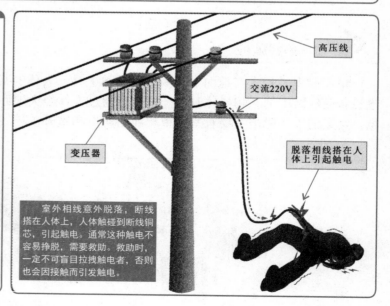

高压线

交流220V

变压器

脱落相线搭在人体上引起触电

室外相线意外脱落，断线搭在人体上，人体碰触到断线铜芯，引起触电。通常这种触电不容易挣脱，需要救助。救助时，一定不可盲目拉拽触电者，否则也会因接触而引发触电。

## 2. 两相触电

两相触电是指人体两处同时触及两相带电体（三根相线中的两根）所引起的触电事故。对于常用低压电路，这时人体承受的是交流380V电压。其危险程度远大于单相触电，轻则导致烧伤或致残，严重时会引起死亡。

【两相触电示意图】

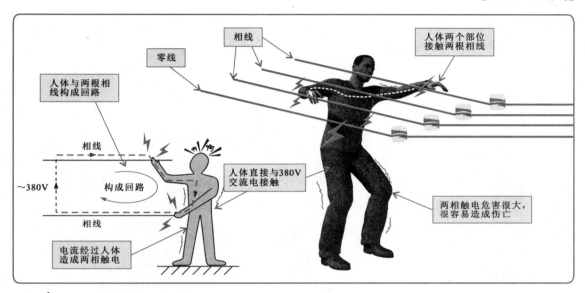

 ## 3. 跨步电压触电

高压输电线掉落到地面上时，由于电压很高，因此电线断头会使一定范围（半径为8～10m）的地面带电。以电线断头处为中心，离电线断头越远，电位越低。如果此时有人走入这个区域，则会造成跨步电压触电，步幅越大，造成的危害也就越大。

【跨步电压触电示意图】

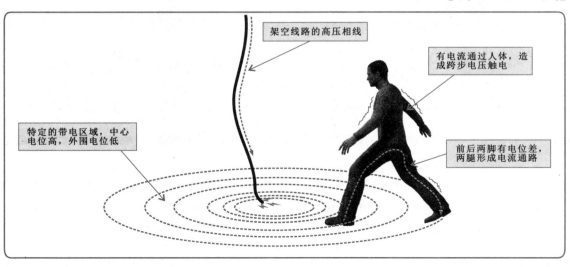

电工操作人员除了应具备专业知识和操作技能外，安全用电技术和安全操作规范也是必须掌握的重要内容。缺乏防护措施或不安全的操作，都可能导致设备的损坏甚至人身伤亡事故。

### 1. 安全用电

对于电工而言，安全用电主要指在电工作业过程中按照规范，采取必要防护措施确保人身及设备的安全。一定要定期对设备、工具及所佩戴的绝缘物品进行严格检查，确保其性能良好，保证定期更换。

**【工具安全注意事项】**

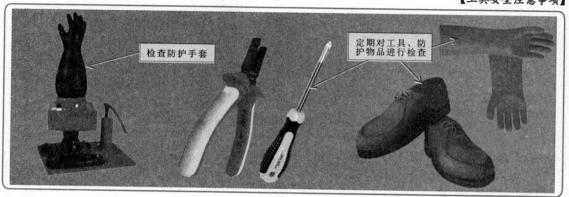

检查防护手套　　定期对工具、防护物品进行检查

确保电工作业环境安全可靠。若是室内作业，一定要对作业环境进行仔细核查；如果是户外作业，除检查作业环境外，还应采取警示或隔离等措施确保他人的人身安全。

**【户外作业的安全措施】**

线路要严格按照电工操作规范处理　　悬挂警示标识

切忌沿地面随意连接电力线路　　悬挂警示标识　　箱体屏护

---

**特别提醒**

◆ **检查安装环境：**由于电气设备安装或线路敷设在潮湿的环境下极易引发短路或漏电的情况，因此在进行安装布线作业前，一定要观察用电环境是否潮湿、地面有无积水等情况。若现场环境潮湿或存有大量的积水，则一定要有效避开，切勿盲目作业，否则极易造成触电。

◆ **检查原有用电线路的连接情况：**在进行安装布线作业前，一定要对原有线路的连接情况进行仔细核查。例如，检查线路有无改动的痕迹，有无明显破损、断裂的情况，以免原有线路的损坏对新线路或电气设备造成不良影响。

◆ 施工环境中需要放置一些必备的消防器材，以便在施工过程中出现火灾事故时，能够及时进行抢险和防护。

◆ **避免恶劣天气：**如果进行户外安装布线，则应尽量避免在恶劣天气作业。

**2. 安全操作的防护**

电工操作前的安全防护除了针对具体的作业环境采取必要的防护措施外，主要是进行一些操作前的检查和必要操作，如关断电源、测试线路是否带电等。

【电工操作前的安全防护】

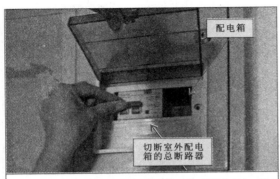

配电箱

切断室外配电箱的总断路器

电气线路在未经试电笔确定无电前，应一律视为有电，不可用手触摸。在进行操作前，一定要先关断电源。

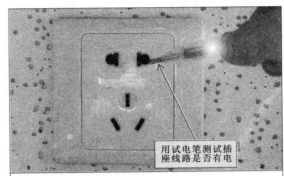

用试电笔测试插座线路是否有电

不可绝对相信绝缘体，操作时应将其视为有电。为了安全，在检修前，要使用试电笔测试用电线路是否有电。

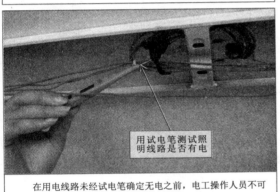

用试电笔测试照明线路是否有电

在用电线路未经试电笔确定无电之前，电工操作人员不可用手触摸。

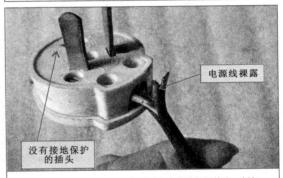

电源线裸露

没有接地保护的插头

在进行电工作业前，一定要对电力线路仔细核查。例如，检查线路有无改动、明显破损、断裂等情况。

电工操作中的安全注意事项主要是指操作的规范及具体处理原则。下面将对几条重要事项加以图示说明。

【电工操作中的安全防护】

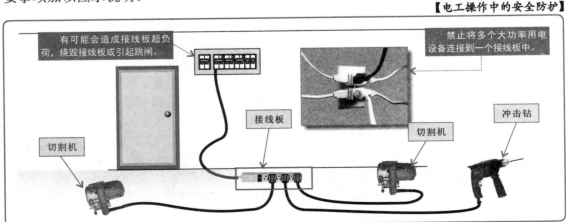

有可能会造成接线板超负荷、烧毁接线板或引起跳闸。

禁止将多个大功率用电设备连接到一个接线板中。

接线板

切割机

冲击钻

切割机

切割机

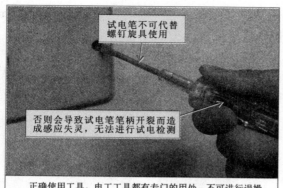

试电笔不可代替螺钉旋具使用

否则会导致试电笔笔柄开裂而造成感应失灵，无法进行试电检测

正确使用工具。电工工具都有专门的用处，不可进行误操作，否则可能导致电工工具损坏，严重时可能发生危险。

断开电闸

悬挂警示标识

防止有人误合闸，造成触电事故

禁止合闸有人工作

在检修户外电力系统时，为确保安全，要及时悬挂警示标识，对临时连接的电力线路要采用架高连接的方法。

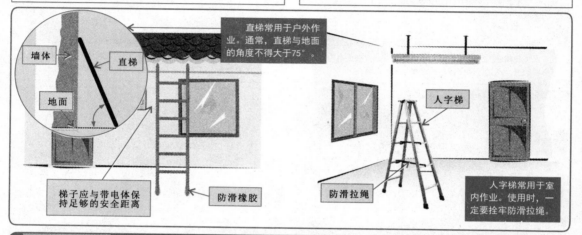

墙体

直梯

地面

直梯常用于户外作业。通常，直梯与地面的角度不得大于75°。

梯子应与带电体保持足够的安全距离

防滑橡胶

人字梯

防滑拉绳

人字梯常用于室内作业。使用时，一定要拴牢防滑拉绳。

## 特别提醒

电工操作中的其他注意事项：
（1）要使用专门的电工工具，不可以用湿手接触带电体。
（2）先核查设备情况，再合上或断开电源开关。复杂的操作要由两个人执行，其中一个人负责操作，另一个人负责监护。
（3）要先拉闸停电，再移动设备。
（4）严禁将接地线代替零线或将接地线与零线短接。
（5）电话线与电源线不要使用同一条线，并要间隔一定的距离。
（6）当发现有落地的电线时，应在采取良好的绝缘保护措施后方可接近作业。

　　电工操作完毕，要对现场进行清理，确保电气设备环境干燥、清洁，还应检查材料、工具等是否遗留在电气设备中，并确认设备散热通风良好，同时对相关电气设备和线路进行核查，重点检查元器件是否老化及电气设备接零、接地、防雷等有无异常。

　　为确保安全，电工在重要电气设备周围要放置警示标识或设置防护。

【电工操作后的安全防护】

当心触电　　必须戴防护手套　　禁止攀登　　注意防火　　注意安全　　必须戴安全帽　　必须穿防护鞋

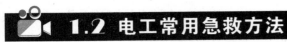 

 **1.2.1 触电急救的方法** ≫≫

电工作业时，与带电体接触的概率极高，可能会出现触电事故，一旦发生事故，首先应冷静面对，积极采取急救措施。下面介绍一下突发触电事故的应对措施。

### 1. 触电时的急救

触电急救的要点是救护迅速、方法正确。若发现有人触电，首先应让触电者脱离电源，但不能在没有任何防护措施的情况下直接与触电者接触，这时就需要了解触电急救的具体方法。

**【低压触电时的急救方法】**

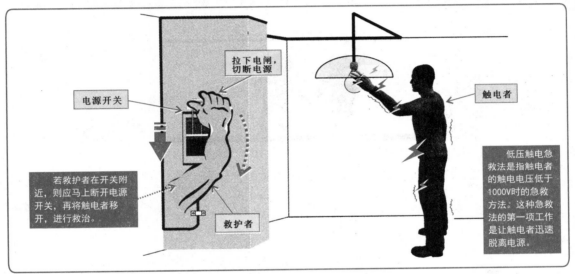

拉下电闸，切断电源

电源开关

触电者

若救护者在开关附近，则应马上断开电源开关，再将触电者移开，进行救治。

救护者

低压触电急救法是指触电者的触电电压低于1000V时的急救方法。这种急救法的第一项工作是让触电者迅速脱离电源。

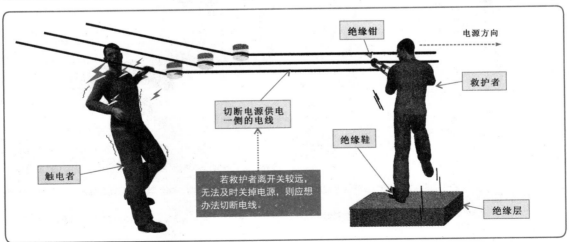

绝缘钳

电源方向

救护者

切断电源供电一侧的电线

绝缘鞋

触电者

若救护者离开关较远，无法及时关掉电源，则应想办法切断电线。

绝缘层

干燥绝缘物

变压器

漏电线

触电者

救护者

绝缘鞋

若电线压在触电者身上，则可以利用干燥的木棍、竹竿、塑料制品、橡胶制品等绝缘物挑开触电者身上的电线。

若触电者无法脱离电线，则应利用绝缘物体使触电者与地面隔离，这时救护者就可以使触电者脱离电线。

变压器

触电者

相线

救护者

绝缘鞋

绝缘物体可使用干木板、塑料板等，切不可使用潮湿木板。接触触电者时，救助者也应穿戴好绝缘护具。

干燥木板

将木板垫在触电者脚下

**特别提醒**

注意！救护者在急救触电人员时，一定要冷静，严禁使用潮湿物品或者直接拉开触电者，否则不仅会错失救助触电人员的最佳机会，而且可能会白白葬送掉自己的性命。

触电者

相线

在未采取任何防护措施的情况下直接拉拽会一同触电

救护者

正确操作是立即通知有关电力部门断电，利用绝缘工具切断电源，确保无触电威胁，并佩戴好防护装备后，方可将触电者带离触电环境，实施救治。

电流经两个人体到地形成回路。

高压触电急救的危险性更大，救护者在施救时一定要冷静，按规范操作。

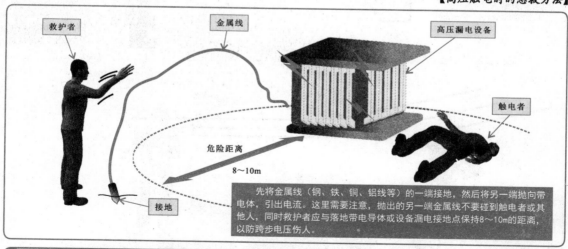

救护者

金属线

高压漏电设备

触电者

危险距离

8～10m

接地

先将金属线（钢、铁、铜、铝线等）的一端接地，然后将另一端抛向带电体，引出电流。这里需要注意，抛出的另一端金属线不要碰到触电者或其他人，同时救护者应与落地带电导体或设备漏电接地点保持8～10m的距离，以防跨步电压伤人。

**特别提醒**

在进行急救的过程中，若触电者本身并没有直接接触带电体，但触电者附近有大型电气设备，这时切不可盲目上前救治，否则救护者极易发生跨步触电事故。

**2. 触电后的急救**

在触电者脱离触电环境后，不要将其随便移动，应使其仰卧，并迅速解开其衣服、腰带等，保证其正常呼吸，还应疏散围观者，保证周围空气畅通，同时拨打120急救电话。做好以上准备工作后，根据触电者的情况做相应的救护。

【呼吸、心跳情况的判断】

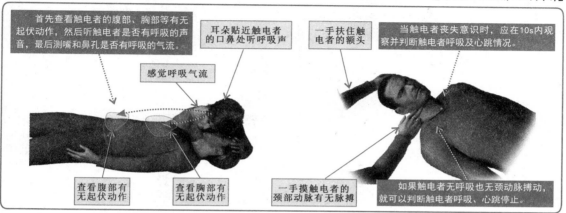

首先查看触电者的腹部、胸部等有无起伏动作，然后听触电者是否有呼吸的声音，最后测嘴和鼻孔是否有呼吸的气流。

耳朵贴近触电者的口鼻处听呼吸声

一手扶住触电者的额头

当触电者丧失意识时，应在10s内观察并判断触电者呼吸及心跳情况。

感觉呼吸气流

查看腹部有无起伏动作

查看胸部有无起伏动作

一手摸触电者的颈部动脉有无脉搏

如果触电者无呼吸也无颈动脉搏动，就可以判断触电者呼吸、心跳停止。

**特别提醒**

（1）若触电者神志清醒，但有心慌、恶心、头痛、头昏、出冷汗、四肢发麻或全身无力等症状，则应让触电者平躺在地，并仔细观察触电者，最好不要让触电者站立或行走。

（2）当触电者已经失去知觉，但仍有轻微的呼吸和心跳时，应让触电者就地仰卧平躺，保证气道通畅，把触电者衣服及有碍于其呼吸的腰带等物解开，并且在5s内呼叫触电者或轻拍触电者肩部，以判断触电者意识是否丧失。在触电者神志不清时，不要摇动触电者的头部或呼叫触电者。

（3）当天气炎热时，应使触电者在阴凉的环境下休息；当天气寒冷时，应帮触电者保温并等待医生的到来。

当触电者无呼吸，但是仍然有心跳时，应采用人工呼吸救护法进行救治。

【人工呼吸的具体实施方法】

| **1** 畅通气道。 ▶▶▶ | **2** 清除口腔异物。 ▶▶▶ | **3** 口对口人工呼吸。 |
|---|---|---|

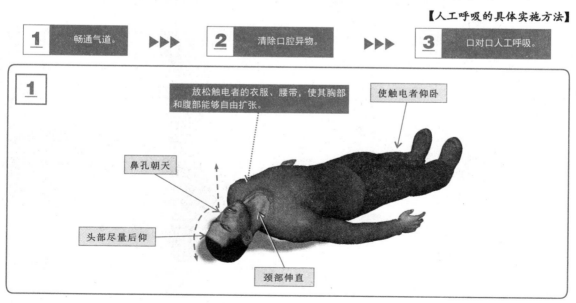

**1**

放松触电者的衣服、腰带，使其胸部和腹部能够自由扩张。

使触电者仰卧

鼻孔朝天

头部尽量后仰

颈部伸直

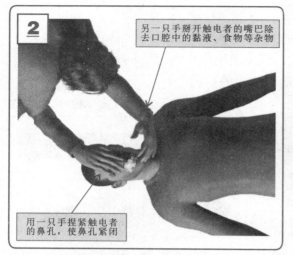

**2**

另一只手掰开触电者的嘴巴除去口腔中的黏液、食物等杂物

用一只手捏紧触电者的鼻孔，使鼻孔紧闭

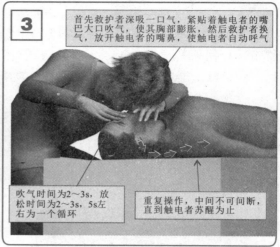

**3**

首先救护者深吸一口气，紧贴着触电者的嘴巴大口吹气，使其胸部膨胀，然后救护者换气，放开触电者的嘴鼻，使触电者自动呼气

吹气时间为2~3s，放松时间为2~3s，5s左右为一个循环

重复操作，中间不可间断，直到触电者苏醒为止

若触电者嘴或鼻被电伤，无法进行口对口人工呼吸或口对鼻人工呼吸，则可以采用牵手呼吸法进行救治。

【牵手呼吸的具体实施方法】

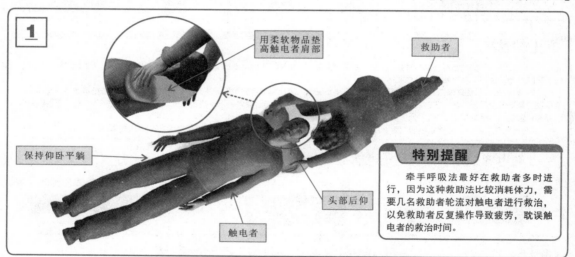

**1**

用柔软物品垫高触电者肩部

救助者

保持仰卧平躺

头部后仰

触电者

**特别提醒**

牵手呼吸法最好在救助者多时进行，因为这种救助法比较消耗体力，需要几名救助者轮流对触电者进行救治，以免救助者反复操作导致疲劳，耽误触电者的救治时间。

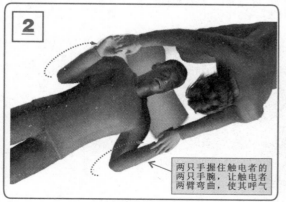

**2**

两只手握住触电者的两只手腕，让触电者两臂弯曲，使其呼气

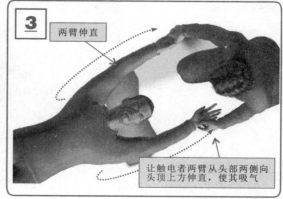

**3**

两臂伸直

让触电者两臂从头部两侧向头顶上方伸直，使其吸气

当触电者心音微弱、心跳停止或脉搏短而不规则时，可采用胸外心脏按压法（又称胸外心脏挤压法）进行救治。该方法是帮助触电者恢复心跳的有效救助方法之一。

**【胸外心脏按压的具体实施方法】**

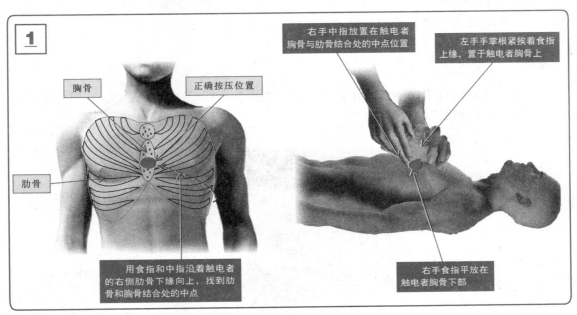

**1**

胸骨

正确按压位置

肋骨

右手中指放置在触电者胸骨与肋骨结合处的中点位置

左手手掌根紧挨着食指上缘，置于触电者胸骨上

用食指和中指沿着触电者的右侧肋骨下缘向上，找到肋骨和胸骨结合处的中点

右手食指平放在触电者胸骨下部

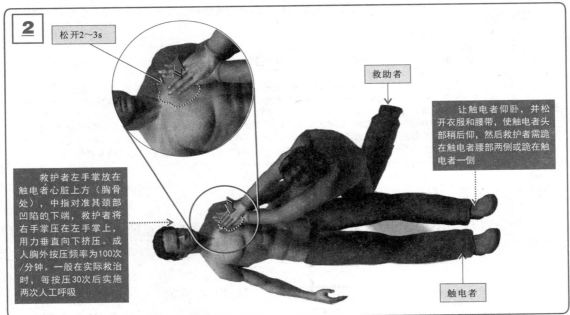

**2**

松开2～3s

救护者左手掌放在触电者心脏上方（胸骨处），中指对准其颈部凹陷的下端，救护者将右手掌压在左手掌上，用力垂直向下挤压。成人胸外按压频率为100次/分钟。一般在实际救治时，每按压30次后实施两次人工呼吸

救助者

让触电者仰卧，并松开衣服和腰带，使触电者头部稍后仰，然后救护者需跪在触电者腰部两侧或跪在触电者一侧

触电者

**特别提醒**

在抢救的过程中要不断观察触电者的面部动作，若其嘴唇稍有开合，眼皮微微活动，喉部有吞咽动作，则说明触电者已有呼吸，即可停止救助。如果触电者仍没有呼吸，则需要同时利用人工呼吸和胸外心脏按压法进行救治。

在抢救的过程中，只有当触电者身体僵冷，医生也证明无法救治时，才可以放弃救治。反之，如果触电者瞳孔变小，皮肤变红，则说明抢救收到了效果，应继续救治。

　　在电工作业过程中，碰触尖锐利器、高空作业等可能会造成电工操作人员出现外伤。及时处理外伤也是急救的关键环节。

 **1. 割伤急救**

　　在电工作业过程中，割伤是比较常见的一类事故，即电工操作人员在使用电工刀或钳子等尖锐的利器时发生的划伤。

【**割伤急救的方法**】

出血量较少时，可将割伤部位放置在比心脏高的部位，即可止血

用棉球蘸取少量的酒精或盐水清洗割伤的部位

如果血液慢慢渗出，就将纱布稍微包厚一点，并用绷带稍加固定

若伤口不深，则可用纱布（或干净的毛巾等）进行包扎

**特别提醒**

　　割伤后，一般常采用指压方式进行止血。
　　（1）手指割伤出血：受伤者可用另一只手用力压住受伤处两侧。
　　（2）手、手肘割伤出血：受伤者需要用四只手指，用力压住上壁内侧隆起的肌肉，若压住后仍然出血不止，则说明没有压住出血的血管，需要重新改变手指的位置。
　　（3）上臂、腋下割伤出血：这种情形必须借助救护者来完成。救护者用拇指向下、向内用力压住伤者锁骨下凹处的位置即可。
　　（4）脚、胫部割伤出血：这种情形也需要借助救护者来完成。首先让受伤者仰躺，将其脚部微微垫高，救护者用两只拇指压住受伤者的股沟、腰部、阴部间的血管即可。
　　指压方式止血只是临时应急措施，若将手松开，则血还会继续流出。因此，一旦发生事故，要尽快呼叫救护车。在医生尚未到来时，若有条件，最好使用止血带止血，即在伤口血管距离心脏较近的部位用干净的布带住，并用木棍加以固定，便可达到止血效果。
　　止血带最好每隔30min左右就要松开一次，以便让血液循环；否则，伤口部位被捆绑的时间过长会对受伤者身体造成危害。

 **2. 摔伤急救**

　　摔伤急救的原则是先抢救、后固定。在搬运受伤者时，应注意采取合适的措施，防止伤情加重或伤口污染。

【**摔伤处理的基本原则**】

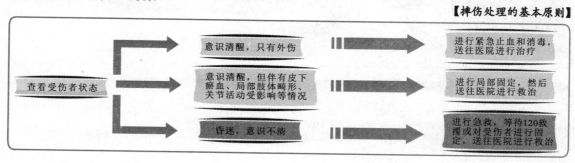

若受伤者出现外部出血，则应立即采取止血措施，防止受伤者因失血过多而导致休克。若医疗条件不足，则可用干净的布包扎伤口，包扎完后，迅速送往医院进行治疗。若有条件，则可用消毒后的纱布包扎。若包扎后仍有较多的瘀血渗出，则可用绷带（止血带）加压止血。

**【摔伤急救的方法】**

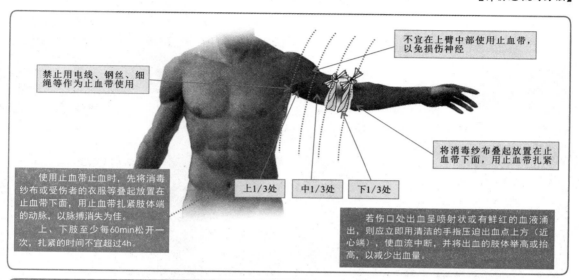

禁止用电线、钢丝、细绳等作为止血带使用

不宜在上臂中部使用止血带，以免损伤神经

将消毒纱布叠起放置在止血带下面，用止血带扎紧

上1/3处　中1/3处　下1/3处

使用止血带止血时，先将消毒纱布或受伤者的衣服等叠起放置在止血带下面，用止血带扎紧肢体端的动脉，以脉搏消失为佳。
上、下肢至少每60min松开一次，扎紧的时间不宜超过4h。

若伤口处出血呈喷射状或有鲜红的血液涌出，则应立即用清洁的手指压迫出血点上方（近心端），使血流中断，并将出血的肢体举高或抬高，以减少出血量。

**特别提醒**

对于摔伤，应尽快处理，在6～8h之内进行处理及缝合伤口。如果摔伤的同时有异物刺入体内，则切忌擅自将异物拔除，要保持异物与身体相对固定，及时送到医院进行处理。

若受伤者外观无伤，但其肢体、颈椎、腰椎疼痛或无法活动，则需要考虑受伤者有骨折的可能。骨折急救包括肢体骨折急救、颈椎骨折急救及腰椎骨折急救等。

**【骨折急救的方法】**

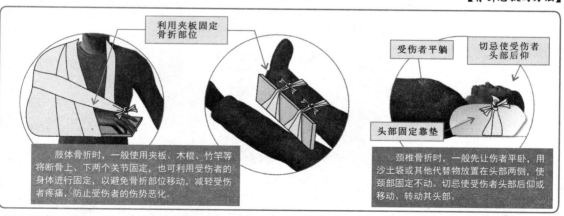

利用夹板固定骨折部位

受伤者平躺

切忌使受伤者头部后仰

头部固定靠垫

肢体骨折时，一般使用夹板、木棍、竹竿等将断骨上、下两个关节固定，也可利用受伤者的身体进行固定，以避免骨折部位移动，减轻受伤者疼痛，防止受伤者的伤势恶化。

颈椎骨折时，一般先让伤者平卧，用沙土袋或其他代替物放置在头部两侧，使颈部固定不动。切忌使受伤者头部后仰或移动、转动其头部。

**特别提醒**

伤者若出现开放性骨折，有大量出血，则先止血再固定，并用干净布片覆盖伤口，然后迅速送往医院进行救治，切勿将外露的断骨推回伤口内。若没有出现开放性骨折，则最好不要自行或让非医务人员进行揉、拉、捏或掰等操作，应该等急救医生赶到或到医院后让医务人员进行救治。

在电工作业过程中，烧伤也是比较常见的一类事故。线路的老化、设备的短路、安装不当、负载过重、散热不良以及人为因素等情况都可能导致火灾事故的发生。发生火灾时避免不了烧伤，对烧伤部位需要进行及时处理。

【烧伤急救的方法】

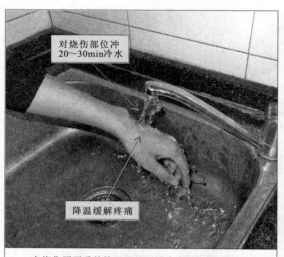

对烧伤部位冲20～30min冷水

降温缓解疼痛

在烧伤不严重的情况下，可用冷水对烧伤部位进行冲洗，通过降温缓解疼痛。烧伤严重时，需要立刻送往医院救治。

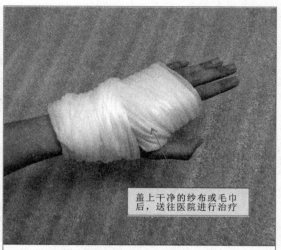

盖上干净的纱布或毛巾后，送往医院进行治疗

为防止伤口感染，在简单降温处理后，应及时盖上干净的纱布或毛巾，然后送往医院进行专业治疗。

### 特别提醒

一般而言，烧伤者被烧伤的面积越大、深度越深，则治疗起来就越困难。因此，在烧伤急救时，快速、有效地灭火是非常必要的，同时可以降低烧伤者的烧伤程度。

救护人员在救助时，可以用身边不易燃的物体，如浸水后的毯子、大衣、棉被等迅速覆盖着火处，使其与空气隔绝，从而达到灭火的目的。救护人员若自己没有烧伤，则在进行火灾扑救时尽量使用干粉灭火器，切忌用泼水的方式救火，否则则可能会引发触电危险。

干粉灭火器

45°安全角度对准火苗根部

45°安全角度

**2.1 电工常用加工工具的种类和使用规范**

▶ **2.1.1 钳子的种类和使用规范** ▶▶

在电工操作中，钳子在导线加工、线缆弯制、设备安装等场合都有广泛的应用。从结构上看，钳子主要由钳头和钳柄两部分构成。根据钳头设计和功能上的区别，钳子可以分为钢丝钳、斜口钳、尖嘴钳、剥线钳、压线钳及网线钳等。

 **1. 钢丝钳的种类和使用规范**

钢丝钳主要是由钳头和钳柄两部分构成的。其中，钳柄处有绝缘套保护；钳头主要由钳口、齿口、刀口和铡口构成。其主要功能是剪切线缆、剥削绝缘层、弯折线芯、松动或紧固螺母等。

【钢丝钳的种类和使用规范】

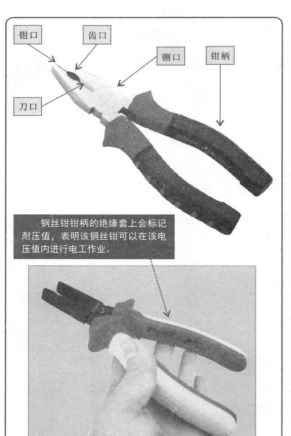

钳口　齿口　　　　铡口　钳柄

刀口

钢丝钳钳柄的绝缘套上会标记耐压值，表明该钢丝钳可以在该电压值内进行电工作业。

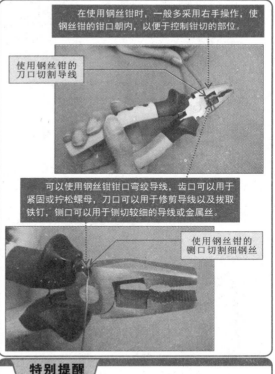

在使用钢丝钳时，一般多采用右手操作，使钢丝钳的钳口朝内，以便于控制钳切的部位。

使用钢丝钳的刀口切割导线

可以使用钢丝钳钳口弯绞导线，齿口可以用于紧固或拧松螺母，刀口可以用于修剪导线以及拔取铁钉，铡口可以用于铡切较细的导线或金属丝。

使用钢丝钳的铡口切割细钢丝

**特别提醒**

若使用钢丝钳修剪带电的线缆，则应当查看绝缘手柄的耐压值，并检查绝缘手柄上是否有破损处。若绝缘手柄破损或工作环境超出钢丝钳钳柄绝缘套的耐压范围，则说明该钢丝钳不可用于修剪带电线缆，否则会导致电工操作人员触电。

## 2. 斜口钳的种类和使用规范

斜口钳的钳头部位为偏斜式的刀口，因此可以贴近导线或金属的根部进行切割。斜口钳可以按照尺寸进行划分，比较常见的有4in(1in=25.4mm)、6in、8in等。斜口钳主要用于线缆绝缘皮的剥削或线缆的剪切等操作。

**【斜口钳的种类和使用规范】**

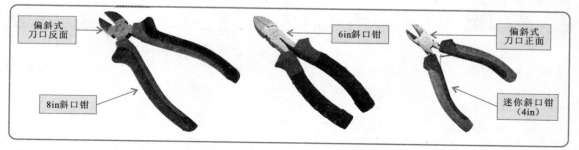

偏斜式刀口反面

6in斜口钳

偏斜式刀口正面

8in斜口钳

迷你斜口钳（4in）

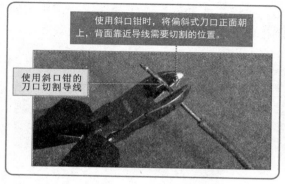

使用斜口钳时，将偏斜式刀口正面朝上，背面靠近导线需要切割的位置。

使用斜口钳的刀口切割导线

**特别提醒**

由于钳头均为金属材质，具有导电性，若使用斜口钳切割带电的双股线缆，则会导致线路短路或使线缆连接的设备损坏。

不可使用斜口钳切割带电的双股线缆。

## 3. 尖嘴钳的种类和使用规范

尖嘴钳的钳头部分较细，可以在较小的空间中进行操作。尖嘴钳可以分为带有刀口的尖嘴钳和无刀口的尖嘴钳。

**【尖嘴钳的种类和使用规范】**

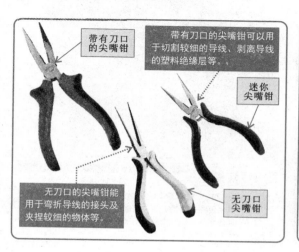

带有刀口的尖嘴钳

带有刀口的尖嘴钳可以用于切割较细的导线、剥离导线的塑料绝缘层等。

迷你尖嘴钳

无刀口的尖嘴钳能用于弯折导线的接头及夹捏较细的物体等。

无刀口尖嘴钳

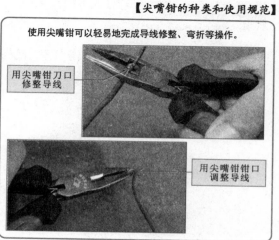

使用尖嘴钳可以轻易地完成导线修整、弯折等操作。

用尖嘴钳刀口修整导线

用尖嘴钳钳口调整导线

**4. 剥线钳的种类和使用规范**

　　剥线钳主要用于剥除线缆的绝缘层。在电工操作中常使用的剥线钳主要有压接式和自动式两种。

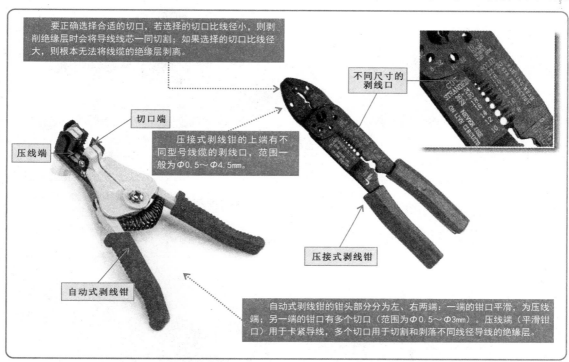

要正确选择合适的切口，若选择的切口比线径小，则剥削绝缘层时会将导线线芯一同切割；如果选择的切口比线径大，则根本无法将线缆的绝缘层剥离。

切口端

压线端

不同尺寸的剥线口

压接式剥线钳的上端有不同型号线缆的剥线口，范围一般为Φ0.5~Φ4.5mm。

压接式剥线钳

自动式剥线钳

自动式剥线钳的钳头部分分为左、右两端：一端的钳口平滑，为压线端；另一端的钳口有多个切口（范围为Φ0.5~Φ3mm）。压线端（平滑钳口）用于卡紧导线，多个切口用于切割和剥落不同线径导线的绝缘层。

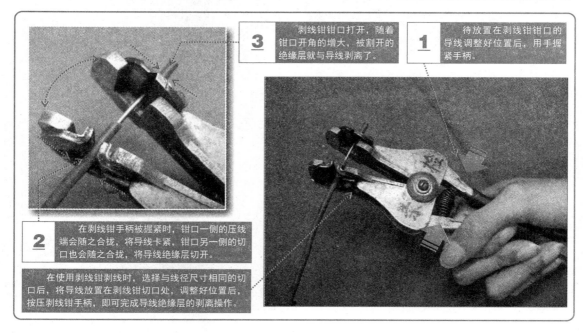

**3** 　剥线钳钳口打开，随着钳口开角的增大，被割开的绝缘层就与导线剥离了。

**1** 　待放置在剥线钳钳口的导线调整好位置后，用手握紧手柄。

**2** 　在剥线钳手柄被握紧时，钳口一侧的压线端会随之合拢，将导线卡紧，钳口另一侧的切口也会随之合拢，将导线绝缘层切开。

　　在使用剥线钳剥线时，选择与线径尺寸相同的切口后，将导线放置在剥线钳切口处，调整好位置后，按压剥线钳手柄，即可完成导线绝缘层的剥离操作。

压线钳在电工操作中主要用于线缆与连接头的加工。

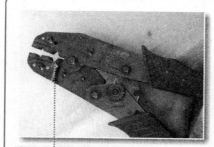

压线钳压接连接件的大小不同，内置的压接孔也有所不同。

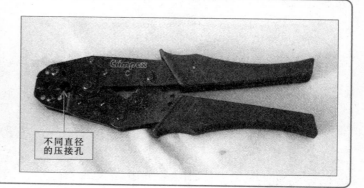

不同直径的压接孔

使用压线钳时，一般使用右手握住压线钳手柄，将需要连接的线缆和连接头插接后，放入压线钳合适的卡口中，向下按压即可。

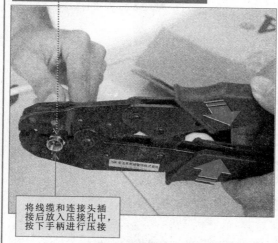

将线缆和连接头插接后放入压接孔中，按下手柄进行压接

压接卡环

使用压线钳时，一般使用右手握住压线钳手柄，将需要连接的线缆和连接头插接后，放入压线钳合适的卡口中，向下按压即可。

**特别提醒**

环形压线钳的钳口在未使用时是紧锁的。若需将其打开，则用力向内按下钳柄即可。

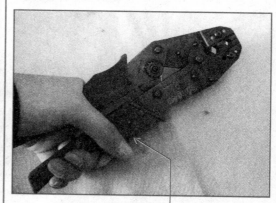

向内按压

按压后，压线钳口即被打开

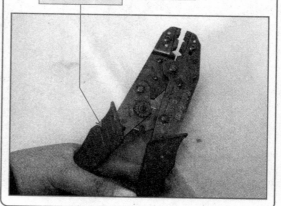

在电工操作中，网线钳主要用来加工网线水晶头和电话线水晶头。网线钳的钳头部分有水晶头加工口，可以根据水晶头的型号选择网线钳；钳柄处也会附带刀口，便于切割网线。

**【网线钳的种类和使用规范】**

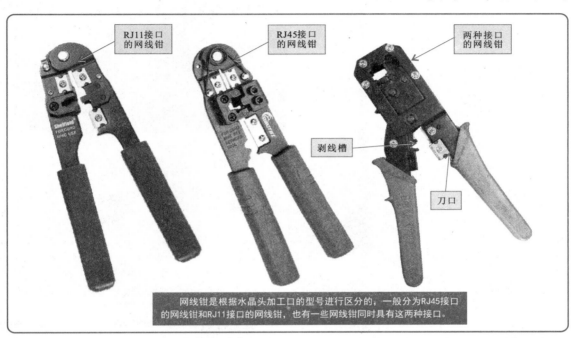

RJ11接口的网线钳

RJ45接口的网线钳

两种接口的网线钳

剥线槽

刀口

网线钳是根据水晶头加工口的型号进行区分的，一般分为RJ45接口的网线钳和RJ11接口的网线钳，也有一些网线钳同时具有这两种接口。

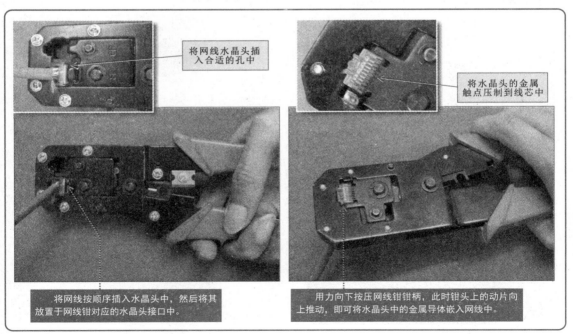

将网线水晶头插入合适的孔中

将水晶头的金属触点压制到线芯中

将网线按顺序插入水晶头中，然后将其放置于网线钳对应的水晶头接口中。

用力向下按压网线钳钳柄，此时钳头上的动片向上推动，即可将水晶头中的金属导体嵌入网线中。

螺钉旋具是用来紧固和拆卸螺钉的工具，主要由螺钉刀头与手柄构成。常用的螺钉旋具主要有一字槽螺钉旋具和十字槽螺钉旋具。

【螺钉旋具的种类和使用规范】

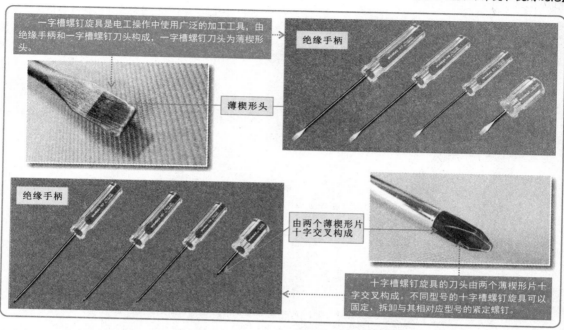

一字槽螺钉旋具是电工操作中使用广泛的加工工具，由绝缘手柄和一字槽螺钉刀头构成，一字槽螺钉刀头为薄楔形头。

绝缘手柄

薄楔形头

绝缘手柄

由两个薄楔形片十字交叉构成

十字槽螺钉旋具的刀头由两个薄楔形片十字交叉构成。不同型号的十字槽螺钉旋具可以固定、拆卸与其相对应型号的紧定螺钉。

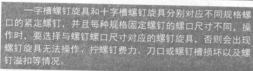

一字槽螺钉旋具和十字槽螺钉旋具分别对应不同规格螺口的紧定螺钉，并且每种规格固定螺钉的螺口尺寸不同，操作时，要选择与螺钉螺口尺寸对应的螺钉旋具，否则会出现螺钉旋具无法操作、拧螺钉费力、刀口或螺钉槽损坏以及螺钉溢扣等情况。

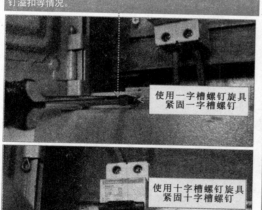

使用一字槽螺钉旋具紧固一字槽螺钉

使用十字槽螺钉旋具紧固十字槽螺钉

**特别提醒**

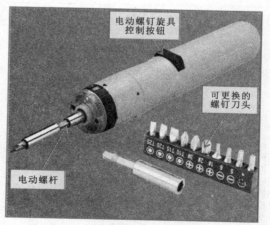

电动螺钉旋具控制按钮

可更换的螺钉刀头

电动螺杆

在使用一字槽螺钉旋具和十字槽螺钉旋具时会受到刀头尺寸的限制，需要配很多不同型号的螺钉旋具，并且需要人工进行转动。目前市场上推出了多功能的电动螺钉旋具。电动螺钉旋具将螺钉旋具的手柄改为带有连接电源的手柄，并装有控制按钮，可以控制螺杆顺时针和逆时针转动，这样就可以轻松地实现螺钉紧固和松脱的操作。螺钉旋具的刀头可以随意更换，使螺钉旋具适应不同工作环境的需要。

在电工操作中，电工刀是用于剥削导线和切割物体的工具。电工刀由刀柄与刀片两部分组成。

**【电工刀的种类和使用规范】**

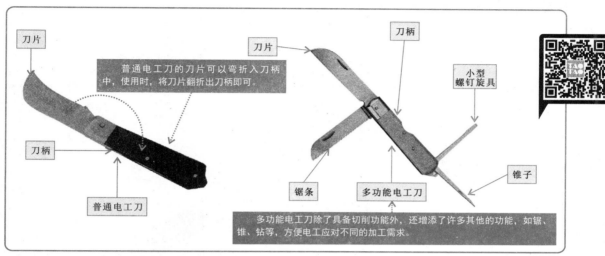

刀片

普通电工刀的刀片可以弯折入刀柄中，使用时，将刀片翻折出刀柄即可。

刀柄

刀柄

刀片

小型螺钉旋具

锯条

多功能电工刀

锥子

普通电工刀

多功能电工刀除了具备切削功能外，还增添了许多其他的功能，如锯、锥、钻等，方便电工应对不同的加工需求。

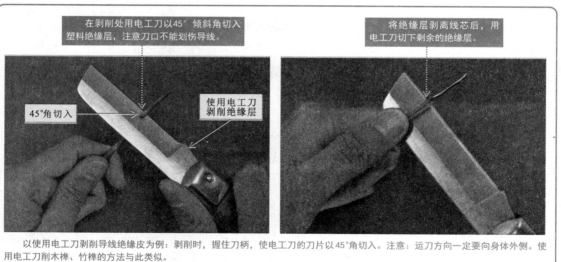

在剥削处用电工刀以45°倾斜角切入塑料绝缘层，注意刀口不能划伤导线。

将绝缘层剥离线芯后，用电工刀切下剩余的绝缘层。

45°角切入

使用电工刀剥削绝缘层

以使用电工刀剥削导线绝缘皮为例：剥削时，握住刀柄，使电工刀的刀片以45°角切入。注意：运刀方向一定要向身体外侧。使用电工刀削木棒、竹棒的方法与此类似。

**特别提醒**

使用电工刀去除塑料护套线缆的绝缘层时，有些操作者没有从该线缆的中间下刀，而是从线缆的一侧下刀，这样会导致内部的线缆损伤，从而导致该段线缆无法使用。

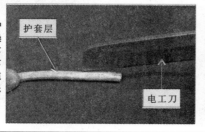

护套层

电工刀

破损的绝缘层

若用电工刀从侧面切开护套层，则易损伤绝缘层。

在电工操作中，扳手是用于紧固和拆卸螺钉或螺母的工具。常用的扳手主要有活扳手和固定扳手两种。

### 1. 活扳手的种类和使用规范

活扳手的开口宽度可在一定尺寸范围内随意调节，以适应不同规格的螺栓或螺母。

【**活扳手的种类和使用规范**】

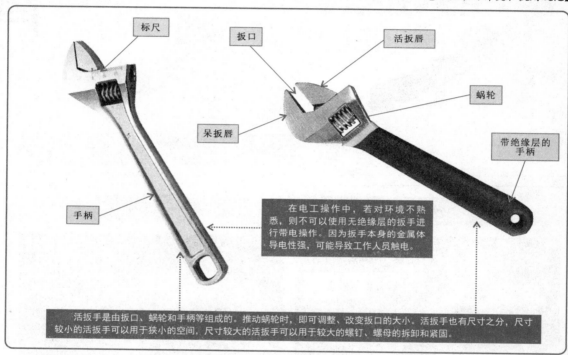

标尺　扳口　活扳唇　蜗轮　呆扳唇　带绝缘层的手柄　手柄

在电工操作中，若对环境不熟悉，则不可以使用无绝缘层的扳手进行带电操作。因为扳手本身的金属体导电性强，可能导致工作人员触电。

活扳手是由扳口、蜗轮和手柄等组成的。推动蜗轮时，即可调整、改变扳口的大小。活扳手也有尺寸之分，尺寸较小的活扳手可以用于狭小的空间，尺寸较大的活扳手可以用于较大的螺钉、螺母的拆卸和紧固。

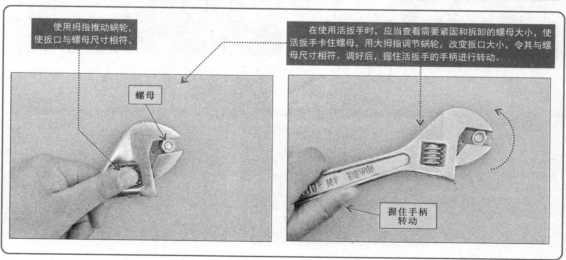

使用拇指推动蜗轮，使扳口与螺母尺寸相符。

螺母

在使用活扳手时，应当查看需要紧固和拆卸的螺母大小，使活扳手卡住螺母，用大拇指调节蜗轮，改变扳口大小，令其与螺母尺寸相符。调好后，握住活扳手的手柄进行转动。

握住手柄转动

**2. 固定扳手的种类和使用规范**

固定扳手的开口宽度不可调整,常见的主要有呆扳手和梅花扳手两种。

【固定扳手的种类和使用规范】

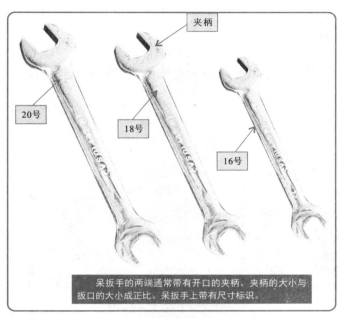

夹柄

20号

18号

16号

呆扳手的两端通常带有开口的夹柄。夹柄的大小与扳口的大小成正比。呆扳手上带有尺寸标识。

呆扳手只能用于与其卡口对应的螺母,使用夹柄夹住需要紧固或拆卸的螺母后,握住手柄,与螺母呈水平状态转动呆扳手的手柄。

选用与螺母尺寸相符的呆扳手

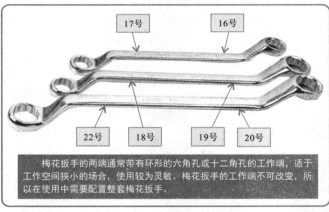

17号

16号

22号

18号

19号

20号

梅花扳手的两端通常带有环形的六角孔或十二角孔的工作端,适于工作空间狭小的场合,使用较为灵敏。梅花扳手的工作端不可改变,所以在使用中需要配置整套梅花扳手。

**特别提醒**

比较高级的电动梅花扳手,外形与普通梅花扳手相似,通过专门的控制开关控制十二角孔自行转动,将螺母紧固或拆卸。

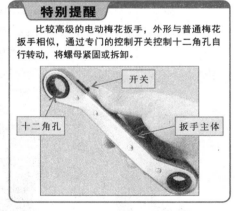

开关

十二角孔

扳手主体

在使用梅花扳手时,也应当先查看螺母的尺寸,选择合适尺寸的梅花扳手后,将其环孔套在螺母外,转动手柄即可。

梅花扳手的环圈与螺母相符

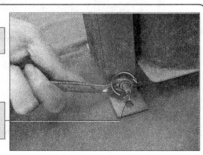

用梅花扳手的环孔套住螺母,扳动扳手旋转

在电工操作中，开凿工具是电工布线敷设管路和安装设备时，对墙面进行开凿处理时使用的加工工具。由于开凿墙面时可能需要开凿不同深度或宽度的孔或线槽，因此常用到的开凿工具有开槽机、冲击钻、电锤、锤子和凿子等。

**1. 开槽机的种类和使用规范**

开槽机是一种用于墙壁开槽的专用设备，可以根据施工需求在开槽墙面上开凿出不同角度和深度的线槽。

【开槽机的种类和使用规范】

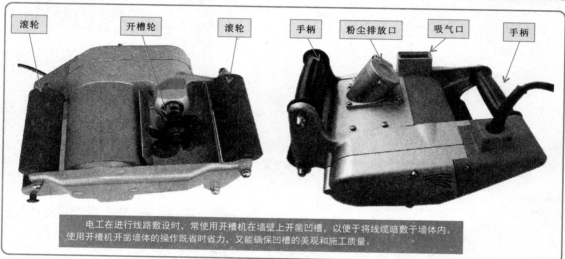

滚轮　开槽轮　滚轮　手柄　粉尘排放口　吸气口　手柄

电工在进行线路敷设时，常使用开槽机在墙壁上开凿凹槽，以便于将线缆暗敷于墙体内。使用开槽机开凿墙体的操作既省时省力，又能确保凹槽的美观和施工质量。

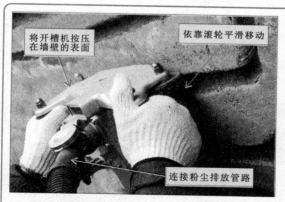

将开槽机按压在墙壁的表面

依靠滚轮平滑移动

连接粉尘排放管路

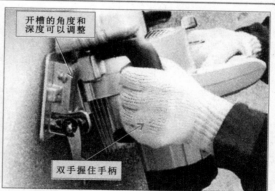

开槽的角度和深度可以调整

双手握住手柄

使用开槽机开凿墙面时，将粉尘排放口与粉尘排放管路连接好后，用双手握住开槽机两侧的手柄，开机空转运行，确认运行良好，然后调整放置位置，将其按压在墙面上开始执行开槽工作，同时依靠开槽机滚轮平滑移动。这样，随着开槽机底部开槽轮的高速旋转，即可实现对墙体的切割。

**特别提醒**

在开槽机通电使用前，应当先检查开槽机的电线绝缘层是否破损。在使用过程中，操作人员要佩戴手套及护目镜等防护装备，并确保握紧开槽机，防止其意外掉落而发生事故；使用完毕，要及时切断电源，避免发生危险。

## 2.锤子和凿子的种类和使用规范

锤子和凿子是常用的手工开凿工具，使用非常灵活。

【锤子和凿子的种类和使用规范】

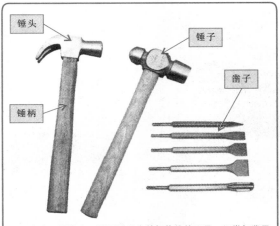

在电工操作中，锤子是用来敲打物体的工具，经常与凿子配合使用，特别适用于小面积区域或其他电动开凿设备无法操作的环境中。为适应不同的需求，锤子和凿子都有多种规格，施工时可根据实际需要自行选择适合的规格进行作业。

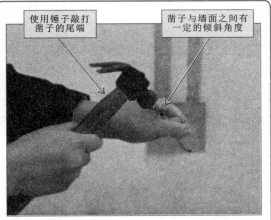

锤子经常与凿子配合使用，对墙面进行小面积的手动开凿。常使用的锤子可以分为两种形态：一种为两端相同的圆形锤子；还有一种为一端平坦以便敲击，另一端的形状像羊角，用于拔除钉子。

## 3.电锤的种类和使用规范

电锤的功能与冲击钻类似，但冲击能力比冲击钻强。在线路敷设过程中，如果需要贯穿墙体钻孔，则常常需要使用电锤。

【电锤的种类和使用规范】

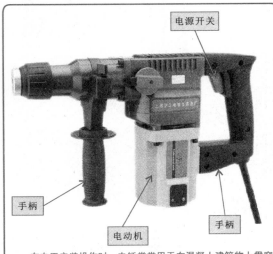

在电工安装操作时，电锤常常用于在混凝土建筑物上贯穿钻孔或开凿深槽。其冲击性更强，所使用的钻头尺寸也往往更大，钻头的硬度也更高。

在使用电锤时，应先通电，让其空转1min，确定可以正常使用后，双手分别握住电锤的两个手柄，使电锤垂直于墙面，按下电源开关，电锤便开始执行钻孔作业。在作业完成后，应及时切断电源。

在电工操作中，冲击钻常用于钻孔。它主要依靠内部电动机带动钻头高速旋转进行作业。由于钻头用硬度很高的合金制成，并且表面有特质的螺纹，很容易钻入坚硬的墙体，因此在安装操作环节总可以看到冲击钻的"身影"。

【冲击钻的种类和使用规范】

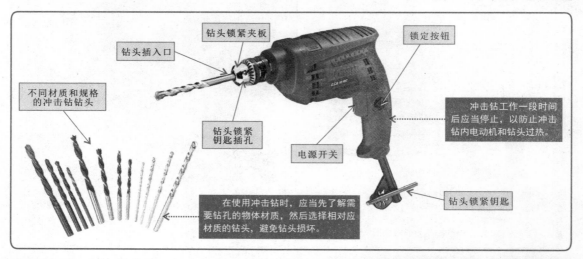

钻头锁紧夹板
钻头插入口
锁定按钮
不同材质和规格的冲击钻钻头
钻头锁紧钥匙插孔
电源开关
冲击钻工作一段时间后应当停止，以防止冲击钻内电动机和钻头过热。
钻头锁紧钥匙
在使用冲击钻时，应当先了解需要钻孔的物体材质，然后选择相对应材质的钻头，避免钻头损坏。

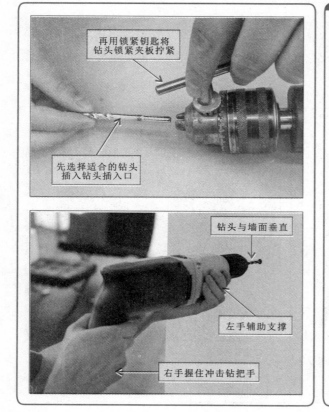

再用锁紧钥匙将钻头锁紧夹板拧紧
先选择适合的钻头插入钻头插入口

钻头与墙面垂直
左手辅助支撑
右手握住冲击钻把手

**特别提醒**

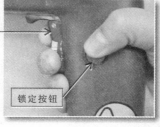

电源开关
锁定按钮

有些冲击钻带有锁定按钮，当使用冲击钻时，按下电源开关后，再按下锁定按钮，则冲击钻会自动工作。此时如果松开电源开关，则冲击钻仍然会保持工作状态。如果需要其停止工作，则需再次按动一下冲击钻上的电源开关，锁定功能自动解除，冲击钻便停止工作。在钻孔过程中，要注意把持住冲击钻，不可摇晃，并保证推入的力度要均匀，否则极易折断钻头。

管路加工工具是用于管路加工处理的工具。在进行管路切割或将管路弯曲时，常会使用到切管器和弯管器。

**【管路加工工具的种类和使用规范】**

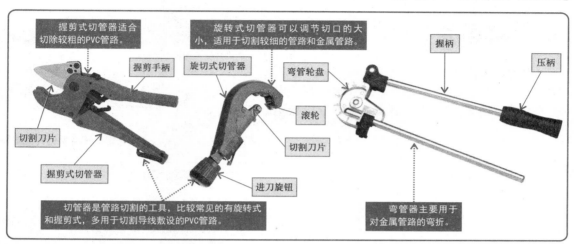

握剪式切管器适合切除较粗的PVC管路。

旋转式切管器可以调节切口的大小，适用于切割较细的管路和金属管路。

握剪手柄

旋切式切管器

弯管轮盘

握柄

压柄

切割刀片

滚轮

握剪式切管器

切割刀片

进刀旋钮

切管器是管路切割的工具，比较常见的有旋转式和握剪式，多用于切割导线敷设的PVC管路。

弯管器主要用于对金属管路的弯折。

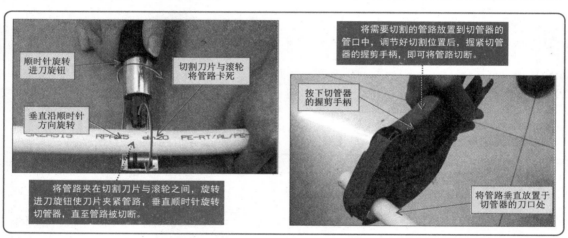

顺时针旋转进刀旋钮

切割刀片与滚轮将管路卡死

垂直沿顺时针方向旋转

将管路夹在切割刀片与滚轮之间，旋转进刀旋钮使刀片夹紧管路，垂直顺时针旋转切管器，直至管路被切断。

将需要切割的管路放置到切管器的管口中，调节好切割位置后，握紧切管器的握剪手柄，即可将管路切断。

按下切管器的握剪手柄

将管路垂直放置于切管器的刀口处

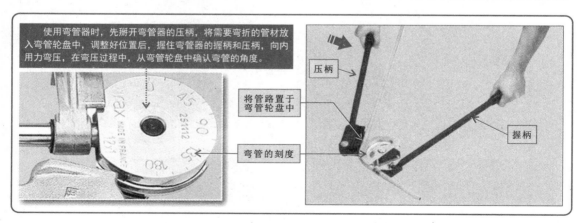

使用弯管器时，先掰开弯管器的压柄，将需要弯折的管材放入弯管轮盘中，调整好位置后，握住弯管器的握柄和压柄，向内用力弯压，在弯压过程中，从弯管轮盘中确认弯管的角度。

压柄

将管路置于弯管轮盘中

握柄

弯管的刻度

# 2.2 电工常用检测仪表的种类和使用规范

电工检测仪表是电工操作中非常重要的测试设备。常用的检测仪表主要有验电器、万用表、钳形表和绝缘电阻表等。下面分别介绍这些常用检测仪表的种类和使用规范。

## ▶ 2.2.1 验电器的种类和使用规范

验电器外形较小，多设计为螺钉旋具形或钢笔形。根据工作特点的不同，其可以分为低压氖管和低压电子验电器。低压氖管验电器由金属探头、电阻、氖管、尾部金属部分及弹簧等构成；低压电子验电器由金属探头、指示灯、显示屏及按钮等构成。

【验电器的种类和使用规范】

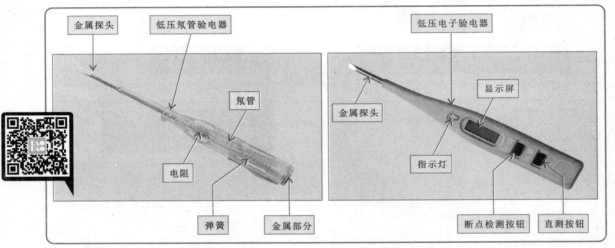

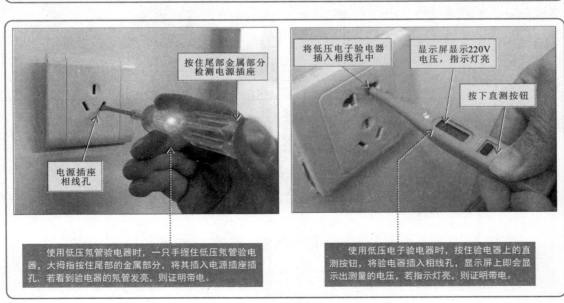

使用低压氖管验电器时，一只手握住低压氖管验电器，大拇指按住尾部的金属部分，将其插入电源插座插孔，若看到验电器的氖管发亮，则证明带电。

使用低压电子验电器时，按住验电器上的直测按钮，将验电器插入相线孔，显示屏上即会显示出测量的电压，若指示灯亮，则证明带电。

万用表是一种多功能、多量程的便携式仪表，主要用来检测直流电流、直流电压、交流电压及电阻值，是电工操作中不可缺少的测量仪表之一。万用表可以分为指针式和数字式两大类。

### 1. 指针式万用表的种类和使用规范

指针式万用表又称为模拟式万用表，利用一只灵敏的磁电系直流电流表（微安表）作为表头，测量时通过表盘下面的功能旋钮设置不同的测量项目和档位，并通过表盘指针指示的方式直接显示测量结果。这种万用表最大的特点就是能够直观地显示出电流、电压等参数的变化过程和变化方向。

【指针式万用表的种类和使用规范】

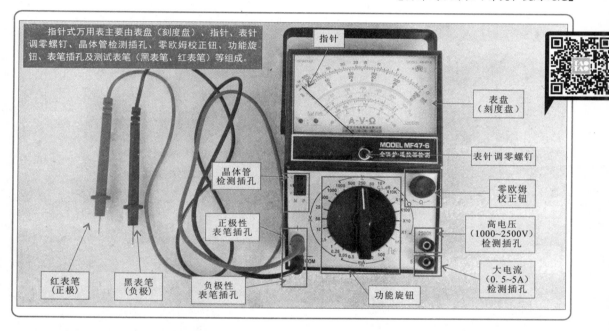

指针式万用表主要由表盘（刻度盘）、指针、表针调零螺钉、晶体管检测插孔、零欧姆校正钮、功能旋钮、表笔插孔及测试表笔（黑表笔、红表笔）等组成。

指针 · 表盘（刻度盘） · MODEL MF47-6 全保护·遥控器检测 · 表针调零螺钉 · 零欧姆校正钮 · 高电压（1000~2500V）检测插孔 · 大电流（0.5~5A）检测插孔 · 红表笔（正极） · 黑表笔（负极） · 晶体管检测插孔 · 正极性表笔插孔 · 负极性表笔插孔 · 功能旋钮

---

**特别提醒**

　　表盘（刻度盘）：由于指针式万用表的功能很多，因此表盘上通常有许多刻度线和刻度值。这些刻度线以同心的弧线方式排列，每一条刻度线上还标出了许多刻度值。

　　表针调零螺钉：位于表盘下方的中央位置，用于万用表的指针机械调零，以确保测量结果准确。

　　功能旋钮：位于万用表的主体位置（面板），通过旋转功能旋钮可选择不同的测量项目及测量档位。

　　零欧姆校正钮：位于表盘下方，为了提高测量结果的准确度，在使用指针式万用表测量电阻值前必须进行零欧姆调整。

　　晶体管检测插孔：位于操作面板的左侧，用来对晶体管的放大倍数$h_{FE}$进行检测。

　　表笔插孔：通常在万用表的操作面板下方有2～4个插孔，用来与表笔相连（万用表型号的不同，表笔插孔的数量及位置也不相同）。万用表的每个插孔都用文字或符号进行标识。

　　表笔：指针式万用表的测试表笔分别使用红色和黑色标识，一般称为红表笔和黑表笔，用于待测电路、元器件与万用表之间的连接。

指针式万用表，可用于对阻值的测量、对交/直流电压的测量、对直流电流的测量等。下面以测量电阻值为例，介绍其操作方法。

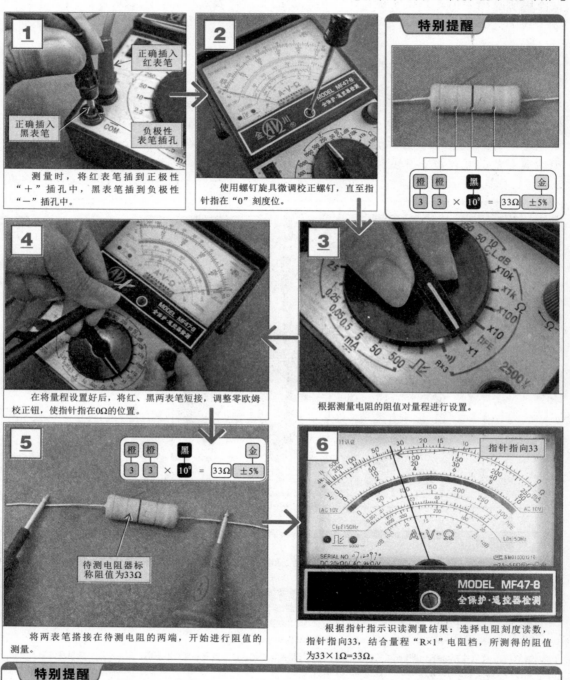

**1** 测量时，将红表笔插到正极性"＋"插孔中，黑表笔插到负极性"－"插孔中。

正确插入红表笔
正确插入黑表笔
负极性表笔插孔

**2** 使用螺钉旋具微调校正螺钉，直至指针指在"0"刻度位。

**特别提醒**

| 橙 | 橙 | | 黑 | | 金 |
|---|---|---|---|---|---|
| 3 | 3 | × | $10^0$ | = 33Ω | ±5% |

**4** 在将量程设置好后，将红、黑两表笔短接，调整零欧姆校正钮，使指针指在0Ω的位置。

**3** 根据测量电阻的阻值对量程进行设置。

**5**

| 橙 | 橙 | | 黑 | | 金 |
|---|---|---|---|---|---|
| 3 | 3 | × | $10^0$ | = 33Ω | ±5% |

待测电阻器标称阻值为33Ω

将两表笔搭接在待测电阻的两端，开始进行阻值的测量。

**6** 指针指向33

MODEL MF47-8
全保护·遥控器检测

根据指针指示识读测量结果：选择电阻刻度读数，指针指向33，结合量程"R×1"电阻档，所测得的阻值为33×1Ω=33Ω。

**特别提醒**

使用指针式万用表进行检测时，通常先进行量程的设置，然后将万用表的两支表笔分别接相应的检测点，通过指针的指示位置和表盘刻度识读当前测量的结果，从而对检测情况进行判别。

数字式万用表可以直接将测量结果以数字的方式直观地显示出来，具有显示清晰、读取准确等特点。数字式万用表的功能更加强大，使用方法与指针式万用表类似。

【数字式万用表的种类和使用规范】

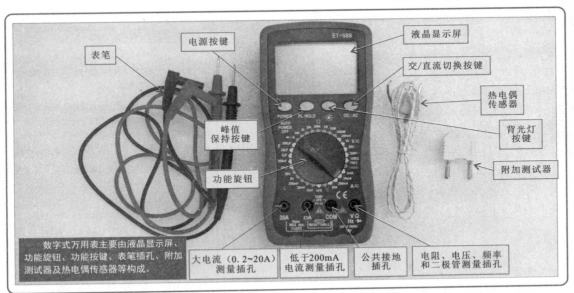

数字式万用表主要由液晶显示屏、功能旋钮、功能按键、表笔插孔、附加测试器及热电偶传感器等构成。

| 大电流（0.2~20A）测量插孔 | 低于200mA电流测量插孔 | 公共接地插孔 | 电阻、电压、频率和二极管测量插孔 |

**特别提醒**

液晶显示屏：用来显示当前测量状态和最终测量数值，方便用户读取数据。

功能旋钮：位于数字式万用表的主体位置（面板），通过旋转功能旋钮，可选择不同的测量项目和测量档位。

功能按键：包括电源按键、峰值保持按键、背光灯按键、交/直流切换按键等。

表笔插孔：位于数字式万用表的下方，用于插接表笔进行测量。

表笔：分别使用红色和黑色标识，用于待测电路、元器件与万用表之间的连接。

附加测试器：用来代替表笔检测待测器件，通常用于检测电容和晶体管等。

热电偶传感器：主要用来测量物体或环境的温度。

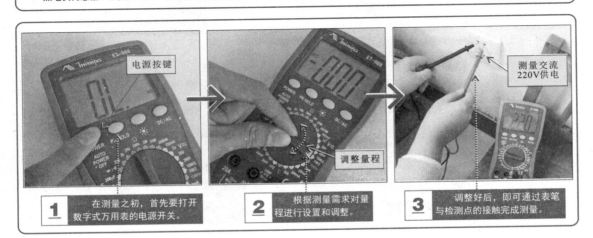

**1** 在测量之初，首先要打开数字式万用表的电源开关。

**2** 根据测量需求对量程进行设置和调整。

**3** 调整好后，即可通过表笔与检测点的接触完成测量。

早期的钳形表主要用于检测交流线路中的电流，所以专称为钳形电流表。使用钳形表检测电流时不需要断开电路，它是通过电磁感应的方式对电流进行测量。目前钳形表也增加了万用表的功能。

**【钳形表的种类和使用规范】**

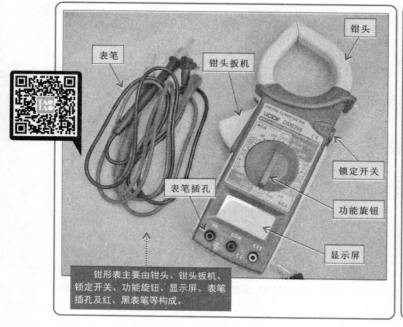

钳形表主要由钳头、钳头扳机、锁定开关、功能旋钮、显示屏、表笔插孔及红、黑表笔等构成。

### 特别提醒

钳头和钳头扳机是用于控制钳头部分开启和闭合的装置，当钳头咬住一根导线并闭合时，可测量通过该导线的电流。

锁定开关主要用于锁定显示屏上的数据，方便在空间较小或黑暗的地方锁定检测数值，便于识读；若需要继续进行检测，则再次按下锁定开关解除锁定功能即可。

功能旋钮用于选择钳形表的测量项目和量程档位。

显示屏用于显示检测时的量程、单位、检测数值的极性及检测到的数值等。

表笔插孔用于连接红、黑表笔和绝缘测试附件，用于钳形表检测除交流电流外，电压、电阻及绝缘阻值等。

表笔插孔

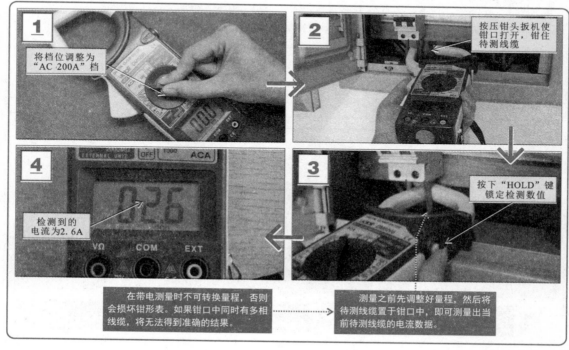

**1** 将档位调整为"AC 200A"档

**2** 按压钳头扳机使钳口打开，钳住待测线缆

**3** 按下"HOLD"键锁定检测数值

**4** 检测到的电流为2.6A

在带电测量时不可转换量程，否则会损坏钳形表。如果钳口中同时有多相线缆，将无法得到准确的结果。

测量之前先调整好量程，然后将待测线缆置于钳口中，即可测量出当前待测线缆的电流数据。

　　绝缘电阻表习惯称为兆欧表，主要用于检测电气设备、家用电器及线缆的绝缘电阻或高值电阻。绝缘电阻表可以测量所有导电型、抗静电型及静电泄放型材料的阻抗或电阻。使用绝缘电阻表检测出绝缘性能不良的设备和产品，可以有效避免发生触电伤亡及设备损坏等事故。

【绝缘电阻表的种类和使用规范】

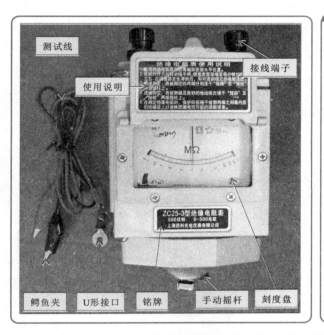

测试线 使用说明 接线端子
鳄鱼夹 U形接口 铭牌 手动摇杆 刻度盘

**特别提醒**

　　绝缘电阻表主要由刻度盘、接线端子、手动摇杆、发电机、测试线、铭牌标识及使用说明等部分构成。

　　绝缘电阻表会以指针指示的方式指示出测量结果，测量者根据指针在刻度线上的指示位置即可读出当前测量的具体数值。

　　接线端子用于与测试线进行连接。

　　手动摇杆与内部的发电机相连，当顺时针摇动摇杆时，绝缘电阻表中的小型发电机开始发电，为检测电路提供高压电。

　　测试线可以分为红色测试线和黑色测试线，用于连接绝缘电阻表和待测设备。

　　铭牌标识和使用说明位于上盖处，可以通过观察铭牌标识和使用说明对该绝缘电阻表有所了解。

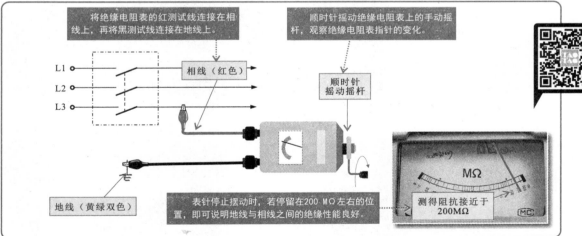

将绝缘电阻表的红测试线连接在相线上，再将黑测试线连接在地线上。

顺时针摇动绝缘电阻表上的手动摇杆，观察绝缘电阻表指针的变化。

L1　L2　L3　相线（红色）

顺时针摇动摇杆

地线（黄绿双色）

表针停止摆动时，若停留在200 MΩ左右的位置，即可说明地线与相线之间的绝缘性能良好。

MΩ
测得阻抗接近于200MΩ

**特别提醒**

　　测量时，要保持绝缘电阻表稳定，防止在摇动摇杆时晃动。在转动摇杆时，应当由慢至快，若发现指针指向零，则应当立即停止摇动，以防绝缘电阻表损坏。在检测过程中，严禁用手触碰测试端，以防电击；检测结束进行拆线时，也不要触及引线的金属部分。

# 第3章
# 导线的加工和连接

## 3.1 导线绝缘层的剥削

### 3.1.1 塑料硬线绝缘层的剥削

对线芯横截面积为4mm²及以下的塑料硬线绝缘层一般用剥线钳或钢丝钳进行剥削；对线芯横截面积为4mm²及以上的塑料硬线绝缘层常使用电工刀或剥线钳进行剥削。

**【使用剥线钳剥削塑料硬线绝缘层】**

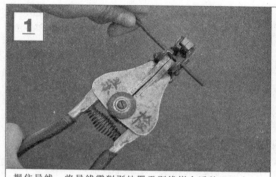

握住导线，将导线需削剥处置于剥线钳合适的刀口中。

在使用剥线钳剥削导线绝缘层时，应选择与剥离导线适合的刀口。

握住剥线钳手柄，轻轻用力切断导线需剥削处的绝缘层。

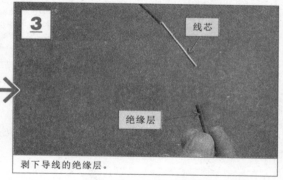

线芯

绝缘层

剥下导线的绝缘层。

**【使用钢丝钳剥削塑料硬线绝缘层】**

握住导线，使钢丝钳刀口绕导线旋转一周，轻轻切破绝缘层。

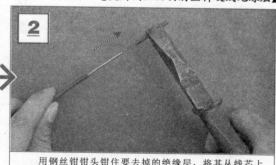

用钢丝钳钳头钳住要去掉的绝缘层，将其从线芯上剥离。

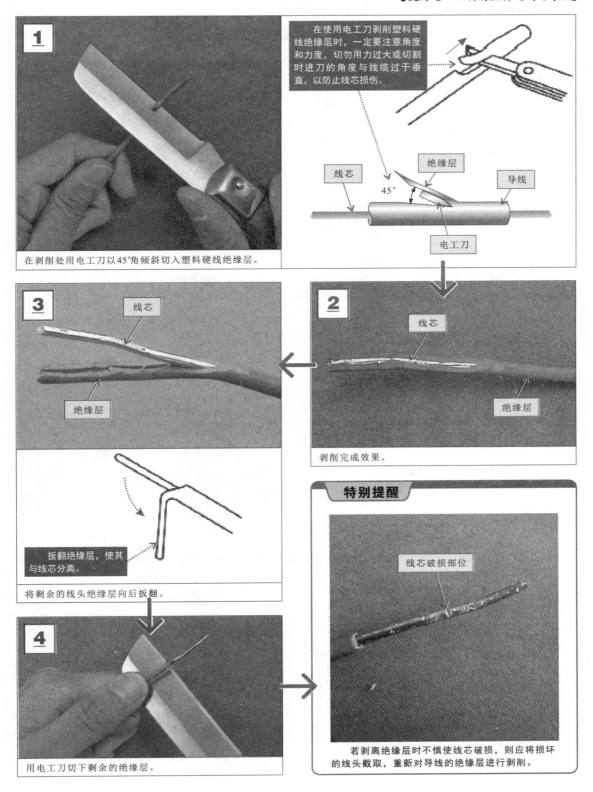

**1** 在剥削处用电工刀以45°角倾斜切入塑料硬线绝缘层。

在使用电工刀剥削塑料硬线绝缘层时，一定要注意角度和力度，切勿用力过大或切割时进刀的角度与线缆过于垂直，以防止线芯损伤。

线芯　绝缘层　导线
45°
电工刀

**2** 剥削完成效果。

线芯

绝缘层

**3**

线芯

绝缘层

扳翻绝缘层，使其与线芯分离。

将剩余的线头绝缘层向后扳翻。

**4** 用电工刀切下剩余的绝缘层。

**特别提醒**

线芯破损部位

若剥离绝缘层时不慎使线芯破损，则应将损坏的线头截取，重新对导线的绝缘层进行剥削。

对塑料软线绝缘层通常采用剥线钳进行剥削。

【塑料软线绝缘层的剥削】

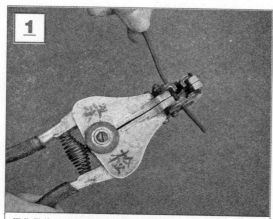

在使用剥线钳剥削塑料软线绝缘层时，应选择与剥离导线适合的刀口。

握住导线，将导线需削剥处置于剥线钳合适的刀口中。

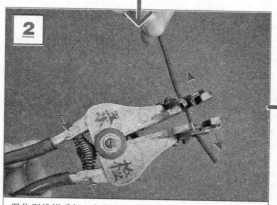

握住剥线钳手柄，轻轻用力切断导线需剥削处的绝缘层。

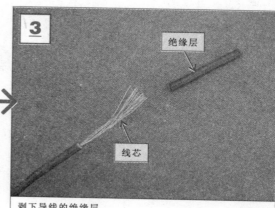

绝缘层

线芯

剥下导线的绝缘层。

**特别提醒**

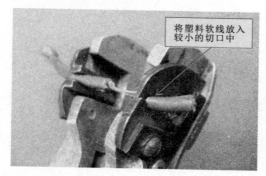

将塑料软线放入较小的切口中

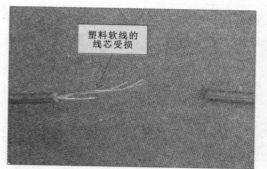

塑料软线的线芯受损

在使用剥线钳剥离塑料软线绝缘层时，切不可选择小于剥离线缆的刀口，否则会导致软线缆多根线芯与绝缘层一同被剥落。

塑料护套线是将两根带有绝缘层的导线用护套层包裹在一起的导线，对其剥削操作可分为护套层的剥削和绝缘层的剥削两个过程。

【塑料护套线护套层的剥削】

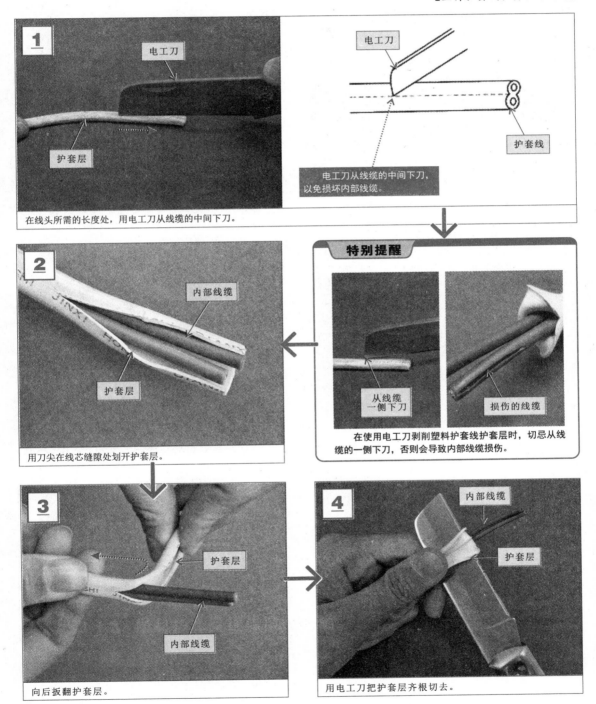

**1** 电工刀 / 护套层

在线头所需的长度处，用电工刀从线缆的中间下刀。

电工刀 / 护套线

电工刀从线缆的中间下刀，以免损坏内部线缆。

**2** 内部线缆 / 护套层

用刀尖在线芯缝隙处划开护套层。

**特别提醒**

从线缆一侧下刀 / 损伤的线缆

在使用电工刀剥削塑料护套线护套层时，切忌从线缆的一侧下刀，否则会导致内部线缆损伤。

**3** 护套层 / 内部线缆

向后扳翻护套层。

**4** 内部线缆 / 护套层

用电工刀把护套层齐根切去。

完成塑料套线护套层的剥削后，接下来剥削其绝缘层。

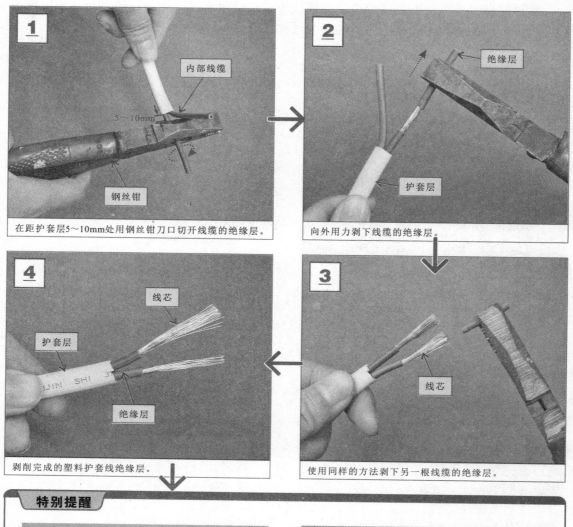

**1** 内部线缆
5～10mm
钢丝钳

在距护套层5～10mm处用钢丝钳刀口切开线缆的绝缘层。

**2** 绝缘层
护套层

向外用力剥下线缆的绝缘层。

**3** 线芯

使用同样的方法剥下另一根线缆的绝缘层。

**4** 线芯
护套层
绝缘层

剥削完成的塑料护套线绝缘层。

### 特别提醒

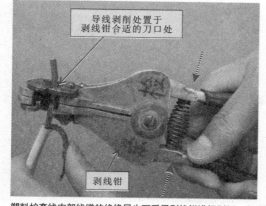

导线剥削处置于
剥线钳合适的刀口处

剥线钳

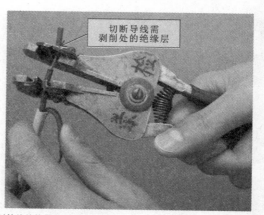

切断导线需
剥削处的绝缘层

塑料护套线内部线缆的绝缘层也可采用剥线钳进行剥削，方法与塑料软线绝缘层的剥削方法相同。

漆包线的绝缘层是将绝缘漆涂在线缆上形成的。由于漆包线直径不同，所以对漆包线绝缘层进行剥削时，应根据线缆直径选择合适的工具。

**【使用电工刀去除漆包线绝缘层】**                    **【使用砂纸去除漆包线绝缘层】**

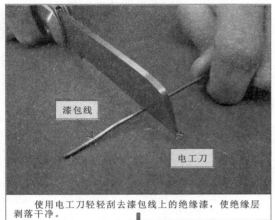

使用电工刀轻轻刮去漆包线上的绝缘漆，使绝缘层剥落干净。

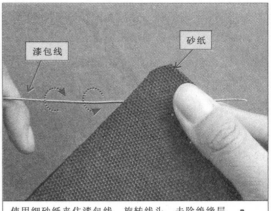

使用细砂纸夹住漆包线，旋转线头，去除绝缘层。

**特别提醒**

直径在0.6mm以上的漆包线可以使用电工刀去除绝缘层。

**特别提醒**

直径为0.15～0.6mm的漆包线的绝缘层通常使用细砂纸或砂布去除。

**【使用电烙铁去除漆包线绝缘层】**

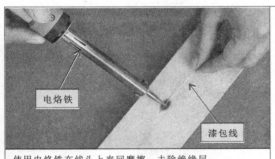

使用电烙铁在线头上来回摩擦，去除绝缘层。

将电烙铁加热沾锡后在线头上来回摩擦几次去掉绝缘层，同时线头上会有一层焊锡，便于后面的连接操作。

用微火软化漆包线线头的绝缘层

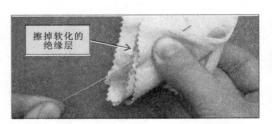

擦掉软化的绝缘层

直径在0.15mm以下的漆包线，线芯较细，使用刀片或砂纸容易将线芯折断或损伤，因此常用25W以下的电烙铁去除绝缘层。若没有电烙铁，也可使用明火去除绝缘层。

花线的外层包裹着棉纱线织网，所以剥削花线的绝缘层时，要先对外层棉纱线织网进行处理，再进行导线绝缘层的剥削。

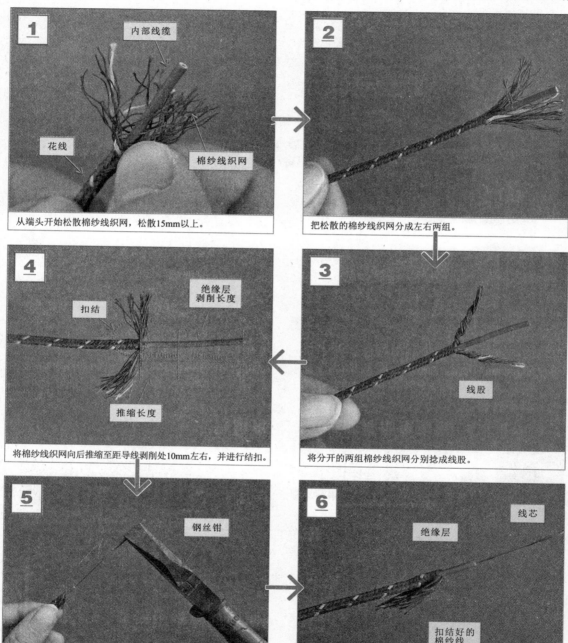

**1** 内部线缆 花线 棉纱线织网

从端头开始松散棉纱线织网，松散15mm以上。

**2**

把松散的棉纱线织网分成左右两组。

**4** 扣结 绝缘层剥削长度 推缩长度

将棉纱线织网向后推缩至距导线剥削处10mm左右，并进行结扣。

**3** 线股

将分开的两组棉纱线织网分别捻成线股。

**5** 钢丝钳

使用钢丝钳钳口切断内部线缆绝缘层，去除绝缘层。

**6** 线芯 绝缘层 扣结好的棉纱线

绝缘层剥削完成的花线。

　　橡胶软线将带有绝缘层的导线用麻线和护套层包裹在一起，对其绝缘层的剥削操作可分为护套层的剥削、麻线的分离和绝缘层的剥削。

【橡胶软线绝缘层的剥削】

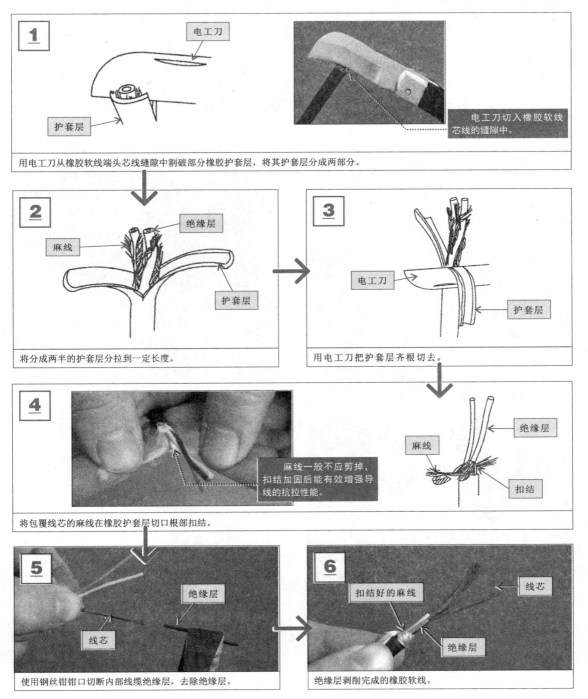

**1** 电工刀　护套层

电工刀切入橡胶软线芯线的缝隙中。

用电工刀从橡胶软线端头芯线缝隙中割破部分橡胶护套层，将其护套层分成两部分。

**2** 麻线　绝缘层　护套层

将分成两半的护套层分拉到一定长度。

**3** 电工刀　护套层

用电工刀把护套层齐根切去。

**4**

麻线一般不应剪掉，扣结加固后能有效增强导线的抗拉性能。

麻线　绝缘层　扣结

将包覆线芯的麻线在橡胶护套层切口根部扣结。

**5** 绝缘层　线芯

使用钢丝钳钳口切断内部线缆绝缘层，去除绝缘层。

**6** 扣结好的麻线　线芯　绝缘层

绝缘层剥削完成的橡胶软线。

# 3.2 导线的连接

　　单股导线中线芯的直径和材质不同，连接的方法也不相同，通常可以选择绞接（X形连接）、缠绕式对接、T形连接3种方法。

 ## 1. 单股导线的绞接

　　当对两根横截面积较小的单股导线进行连接时，通常采用绞接（X形连接）方法。

【单股导线的绞接】

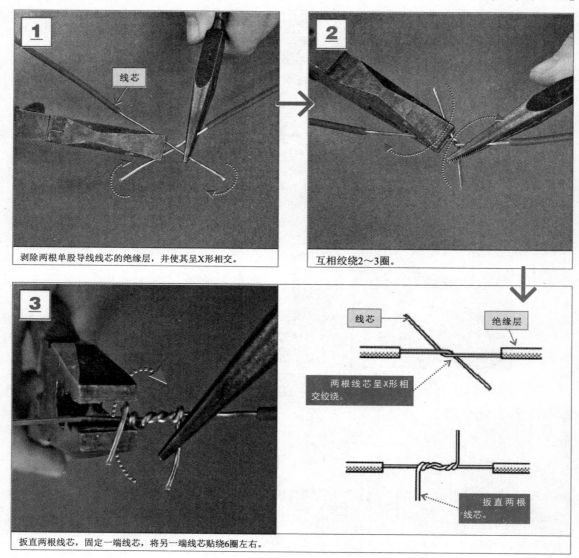

剥除两根单股导线线芯的绝缘层，并使其呈X形相交。

互相绞绕2～3圈。

线芯 　　　　绝缘层

两根线芯呈X形相交绞绕。

扳直两根线芯。

扳直两根线芯，固定一端线芯，将另一端线芯贴绕6圈左右。

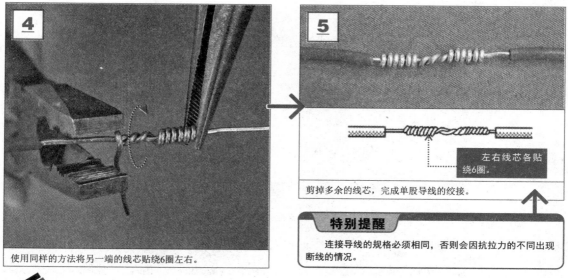

使用同样的方法将另一端的线芯贴绕6圈左右。

剪掉多余的线芯，完成单股导线的绞接。

左右线芯各贴绕6圈。

**特别提醒**

连接导线的规格必须相同，否则会因抗拉力的不同出现断线的情况。

## 2. 单股导线的缠绕式对接

当对两根较粗的单股导线进行连接时，通常选择缠绕式对接方法。

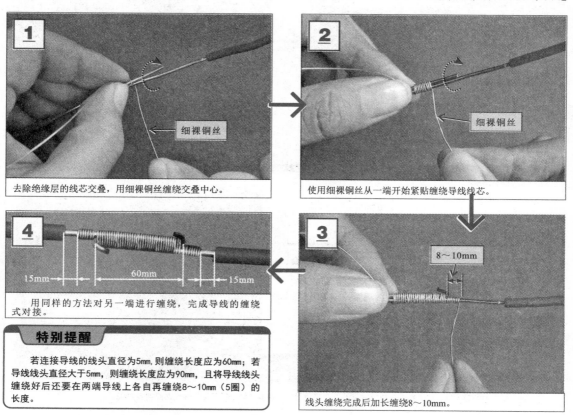

去除绝缘层的线芯交叠，用细裸铜丝缠绕交叠中心。

细裸铜丝

使用细裸铜丝从一端开始紧贴缠绕导线线芯。

细裸铜丝

8～10mm

线头缠绕完成后加长缠绕8～10mm。

15mm    60mm    15mm

用同样的方法对另一端进行缠绕，完成导线的缠绕式对接。

**特别提醒**

若连接导线的线头直径为5mm，则缠绕长度应为60mm；若导线线头直径大于5mm，则缠绕长度应为90mm，且将导线线头缠绕好后还要在两端导线上各自再缠绕8～10mm（5圈）的长度。

## 3. 单股导线的T形连接

当对一根支路与一根主路单股导线进行连接时，通常采用T形连接方法。

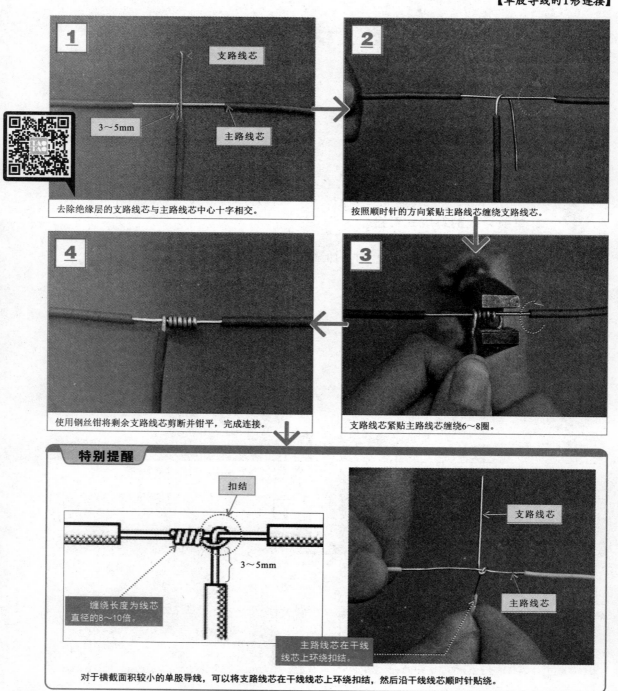

**1** 支路线芯

3～5mm　　主路线芯

去除绝缘层的支路线芯与主路线芯中心十字相交。

**2**

按照顺时针的方向紧贴主路线芯缠绕支路线芯。

**4**

使用钢丝钳将剩余支路线芯剪断并钳平，完成连接。

**3**

支路线芯紧贴主路线芯缠绕6～8圈。

**特别提醒**

扣结

3～5mm

缠绕长度为线芯
直径的8～10倍。

支路线芯

主路线芯

主路线芯在干线
线芯上环绕扣结。

对于横截面积较小的单股导线，可以将支路线芯在干线线芯上环绕扣结，然后沿干线线芯顺时针贴绕。

当对多股导线在进行连接时应按照连接规范进行操作，一般两根多股软线缆常选择缠绕式对接方式或T形连接的方法进行连接，而三根多股软线缆常选择缠绕法进行连接。

 **1. 两根多股导线的缠绕式对接**

两根多股导线进行连接时，可采用简单的缠绕式对接方法进行连接。

【两根多股导线的缠绕式对接】

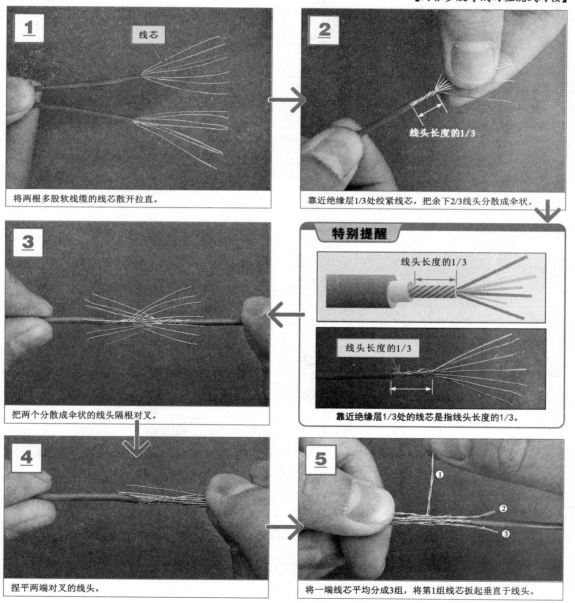

线芯

**1** 将两根多股软线缆的线芯散开拉直。

**2** 线头长度的1/3
靠近绝缘层1/3处绞紧线芯，把余下2/3线头分散成伞状。

**3** 把两个分散成伞状的线头隔根对叉。

**特别提醒**
线头长度的1/3
线头长度的1/3
靠近绝缘层1/3处的线芯是指线头长度的1/3。

**4** 捏平两端对叉的线头。

**5** 将一端线芯平均分成3组，将第1组线芯扳起垂直于线头。

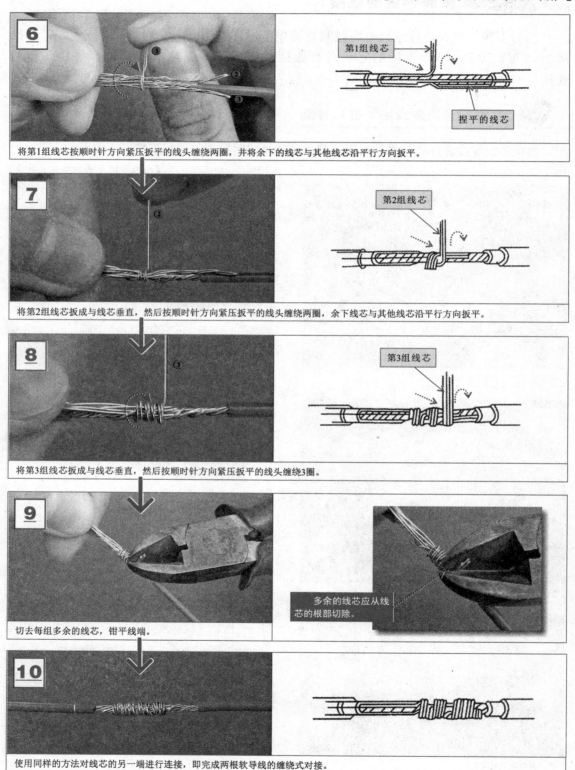

**6** 第1组线芯 ← 捏平的线芯

将第1组线芯按顺时针方向紧压扳平的线头缠绕两圈，并将余下的线芯与其他线芯沿平行方向扳平。

**7** 第2组线芯

将第2组线芯扳成与线芯垂直，然后按顺时针方向紧压扳平的线头缠绕两圈，余下线芯与其他线芯沿平行方向扳平。

**8** 第3组线芯

将第3组线芯扳成与线芯垂直，然后按顺时针方向紧压扳平的线头缠绕3圈。

**9** 多余的线芯应从线芯的根部切除。

切去每组多余的线芯，钳平线端。

**10**

使用同样的方法对线芯的另一端进行连接，即完成两根软导线的缠绕式对接。

## 2. 两根多股导线的T形连接

当对一根支路多股导线与一根主路多股导线进行连接时，通常采用T形连接的方式进行连接。

【两根多股导线的T形连接】

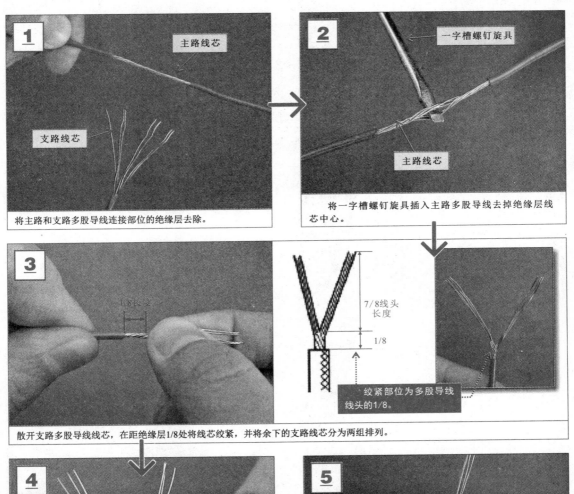

**1** 主路线芯

支路线芯

将主路和支路多股导线连接部位的绝缘层去除。

**2** 一字槽螺钉旋具

主路线芯

将一字槽螺钉旋具插入主路多股导线去掉绝缘层线芯中心。

**3** 1.8长度

7/8线头长度

1/8

绞紧部位为多股导线线头的1/8。

散开支路多股导线线芯，在距绝缘层1/8处将线芯绞紧，并将余下的支路线芯分为两组排列。

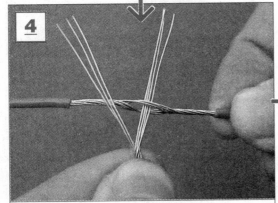

**4**

将支路线芯的一组插入主路线芯中间，另一组放在主路线芯前面。

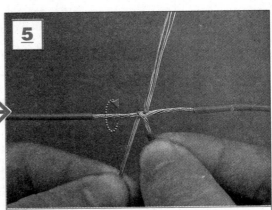

**5**

将其中的一组支路线芯沿主路线芯按顺时针方向弯折缠绕。

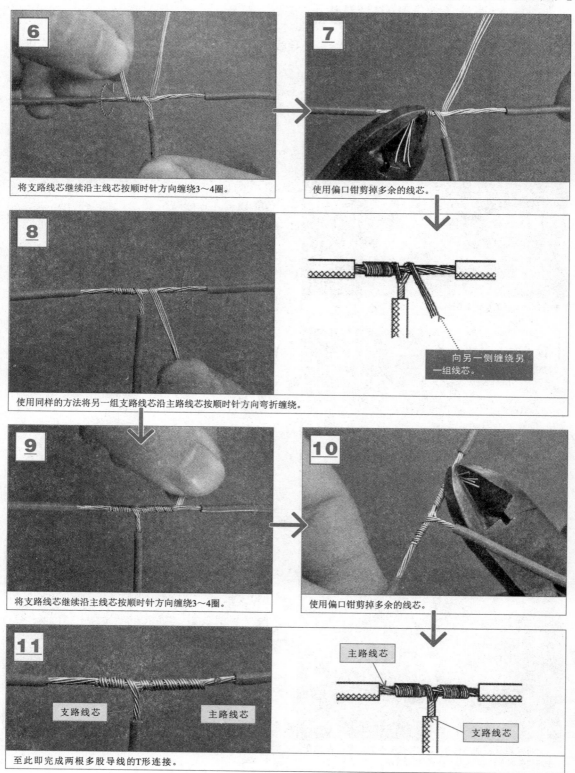

**6** 将支路线芯继续沿主线芯按顺时针方向缠绕3～4圈。

**7** 使用偏口钳剪掉多余的线芯。

**8** 使用同样的方法将另一组支路线芯沿主路线芯按顺时针方向弯折缠绕。

向另一侧缠绕另一组线芯。

**9** 将支路线芯继续沿主线芯按顺时针方向缠绕3～4圈。

**10** 使用偏口钳剪掉多余的线芯。

**11** 至此即完成两根多股导线的T形连接。

支路线芯　　　　主路线芯

主路线芯

支路线芯

## 3.3.1 导线的扭接

扭接是指将待连接的导线线头平行同向放置，然后将线头同时互相缠绕的方法。

**【导线的扭接】**

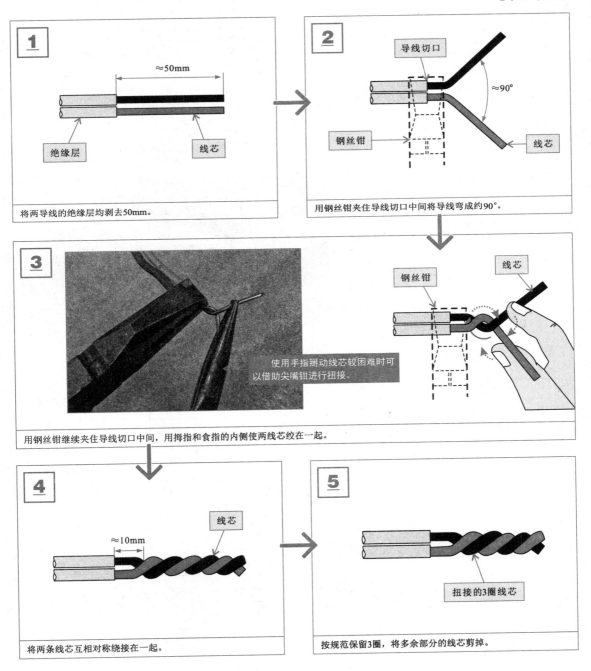

**1** 将两导线的绝缘层均剥去50mm。

≈50mm
绝缘层　　线芯

**2** 用钢丝钳夹住导线切口中间将导线弯成约90°。

导线切口
≈90°
钢丝钳　　线芯

**3** 用钢丝钳继续夹住导线切口中间，用拇指和食指的内侧使两线芯绞在一起。

使用手指掰动线芯较困难时可以借助尖嘴钳进行扭接。

钢丝钳　　线芯

**4** 将两条线芯互相对称绕接在一起。

≈10mm
线芯

**5** 按规范保留3圈，将多余部分的线芯剪掉。

扭接的3圈线芯

　　绕接一般在三根导线连接时采用，是将第三根导线线头绕接在另外两根导线线头上的方法。

**【导线的绕接】**

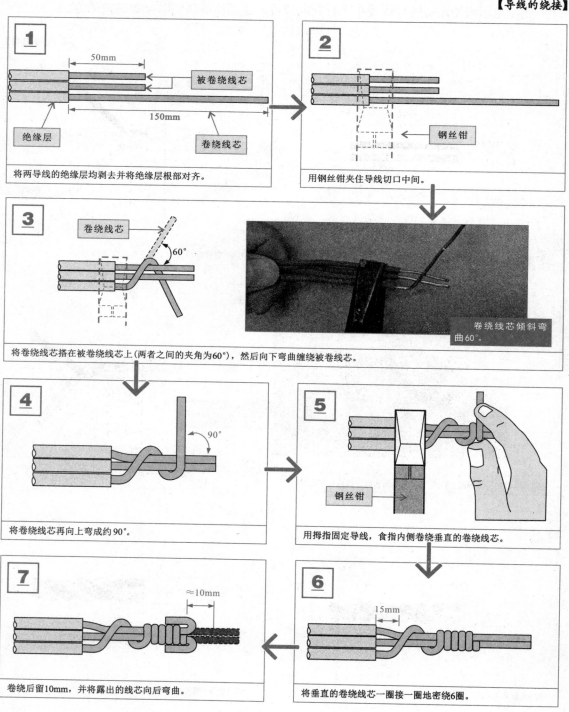

**1**

50mm

被卷绕线芯

150mm

绝缘层

卷绕线芯

将两导线的绝缘层均剥去并将绝缘层根部对齐。

**2**

钢丝钳

用钢丝钳夹住导线切口中间。

**3**

卷绕线芯

60°

卷绕线芯倾斜弯曲60°。

将卷绕线芯搭在被卷绕线芯上(两者之间的夹角为60°)，然后向下弯曲缠绕被卷线芯。

**4**

90°

将卷绕线芯再向上弯成约90°。

**5**

钢丝钳

用拇指固定导线，食指内侧卷绕垂直的卷绕线芯。

**7**

≈10mm

卷绕后留10mm，并将露出的线芯向后弯曲。

**6**

15mm

将垂直的卷绕线芯一圈接一圈地密绕6圈。

# 第4章
# 常用功能部件的安装方法

## 4.1 开关的安装

### 4.1.1 单控开关的安装

单控开关是指对一条照明线路进行控制的开关。在动手安装单控开关之前，首先要了解其安装形式和设计方案，然后再进行安装。

【单控开关的安装接线图】

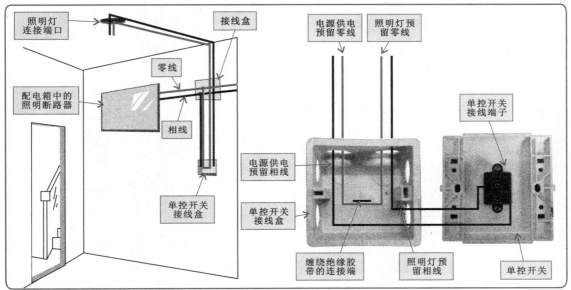

 **1. 单控开关接线盒的安装**

在安装单控开关前，应首先对单控开关接线盒进行安装，然后将单控开关固定在接线盒上，完成安装。

【单控开关接线盒的安装】

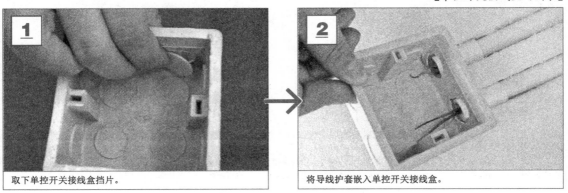

取下单控开关接线盒挡片。

将导线护套嵌入单控开关接线盒。

## 2. 单控开关的接线

单控开关的准备工作完成后，便可动手接线了。

使用剥线钳剥除零线端头的绝缘层。

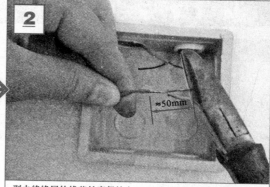

≈50mm

剥去绝缘层的线芯长度保持在50mm左右，剪掉多余的线芯。

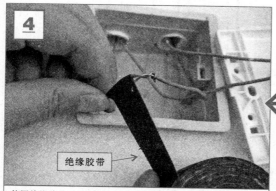

绝缘胶带

使用绝缘胶带对零线连接处的裸露导线进行绝缘处理。

尖嘴钳

将电源供电零线与荧光灯零线（蓝色）连接。

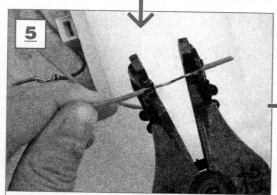

使用剥线钳剥除相线端头的绝缘层。

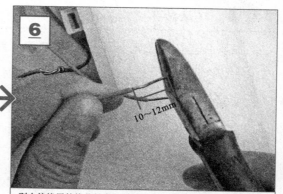

10~12mm

剥去绝缘层的线芯长度保持在10～12mm，剪掉多余的线芯。

### 特别提醒

　　有些人在处理接线端时，直接将旧的接线端进行连接，这样做是错误的。由于金属丝长期暴露在空气中容易氧化，因此直接连接可能导致导电性能不良。建议剪下裸露的金属丝后使用剥线钳重新剥线，再进行缠绕。

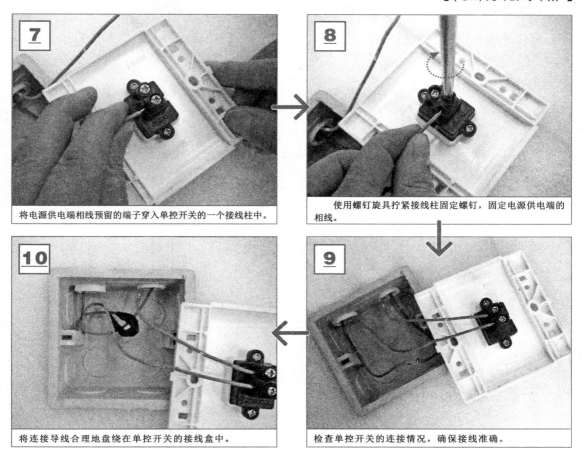

**7** 将电源供电端相线预留的端子穿入单控开关的一个接线柱中。

**8** 使用螺钉旋具拧紧接线柱固定螺钉，固定电源供电端的相线。

**10** 将连接导线合理地盘绕在单控开关的接线盒中。

**9** 检查单控开关的连接情况，确保接线准确。

 ### 3.单控开关面板的安装

单控开关接线完成之后，便可安装单控开关的面板了。

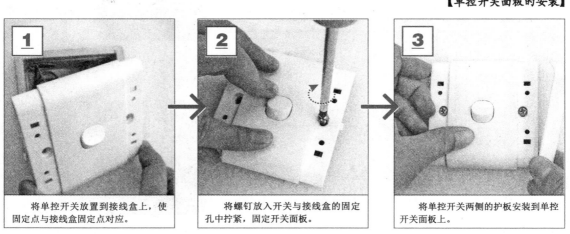

**1** 将单控开关放置到接线盒上，使固定点与接线盒固定点对应。

**2** 将螺钉放入开关与接线盒的固定孔中拧紧，固定开关面板。

**3** 将单控开关两侧的护板安装到单控开关面板上。

双控开关可以对同一照明灯进行两地控制，操作两地任一处的开关都可以控制照明灯的点亮与熄灭。在动手安装双控开关之前，首先要了解其安装形式和设计方案，然后再进行安装。

【双控开关的安装接线示意图】

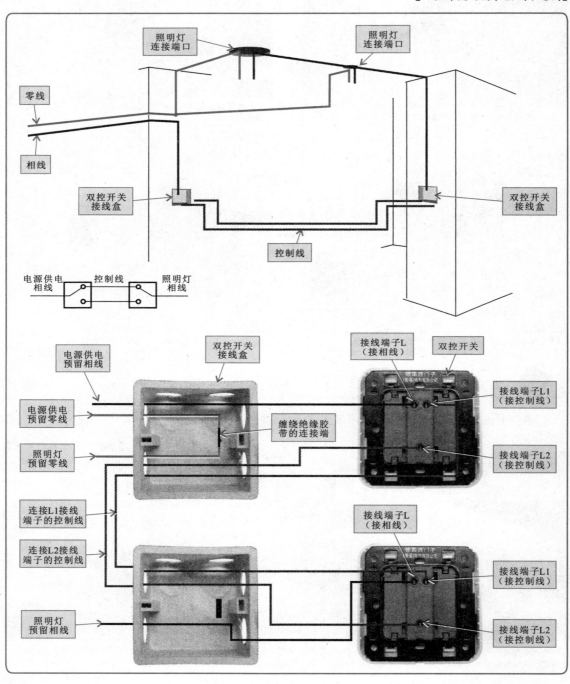

了解了双控开关的安装形式和设计方案后，便可以动手安装了。下面就分别演示一下两个双控开关安装的全过程。

## 1. 第一个双控开关的安装

首先根据安装连接示意图完成第一个双控开关的安装操作。

【第一个双控开关的安装】

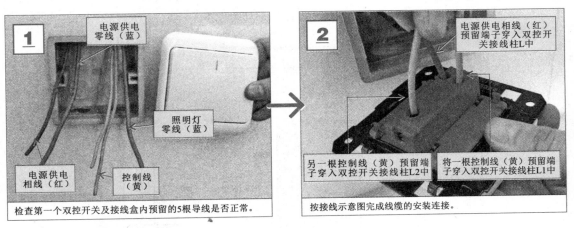

**1**　电源供电零线（蓝）　照明灯零线（蓝）　电源供电相线（红）　控制线（黄）

检查第一个双控开关及接线盒内预留的5根导线是否正常。

**2**　电源供电相线（红）预留端子穿入双控开关接线柱L中　另一根控制线（黄）预留端子穿入双控开关接线柱L2中　将一根控制线（黄）预留端子穿入双控开关接线柱L1中

按接线示意图完成线缆的安装连接。

## 2. 第二个双控开关的安装

第一个双控开关安装完成后，接下来安装第二个双控开关。

【第二个双控开关的安装】

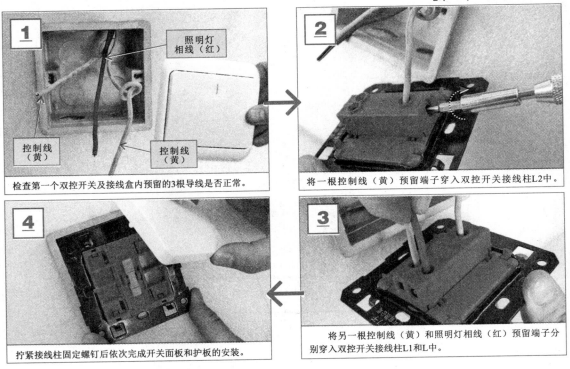

**1**　照明灯相线（红）　控制线（黄）　控制线（黄）

检查第一个双控开关及接线盒内预留的3根导线是否正常。

**2**　将一根控制线（黄）预留端子穿入双控开关接线柱L2中。

**3**　将另一根控制线（黄）和照明灯相线（红）预留端子分别穿入双控开关接线柱L1和L中。

**4**　拧紧接线柱固定螺钉后依次完成开关面板和护板的安装。

　　智能控制开关通过各种方法(如触摸控制、声控、光控等)控制电路的通断,它是通过感应和接收不同的介质来实现电路通断控制的开关。在动手安装智能控制开关之前,首先要了解其安装形式和设计方案,然后再进行安装。

【智能控制开关的安装接线示意图】

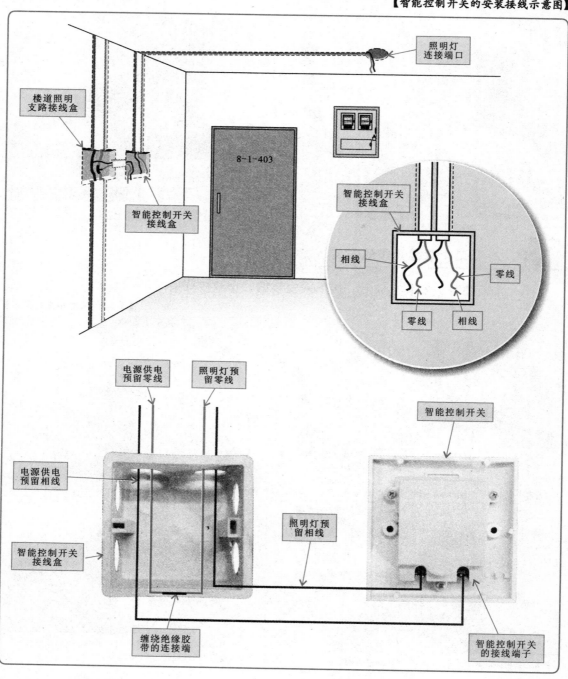

照明灯连接端口

楼道照明支路接线盒

8-1-403

智能控制开关接线盒

智能控制开关接线盒

相线

零线

零线

相线

电源供电预留零线

照明灯预留零线

智能控制开关

电源供电预留相线

照明灯预留相线

智能控制开关接线盒

缠绕绝缘胶带的连接端

智能控制开关的接线端子

了解了智能控制开关的安装形式和设计方案后，便可以动手安装了。下面以声光控延时开关为例进行介绍。

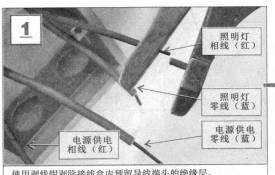

**1**

照明灯相线（红）

照明灯零线（蓝）

电源供电零线（蓝）

电源供电相线（红）

使用剥线钳剥除接线盒内预留导线端头的绝缘层。

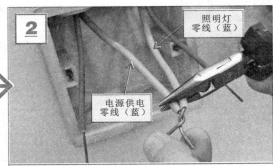

**2**

照明灯零线（蓝）

电源供电零线（蓝）

将接线盒中电源供电零线与照明灯零线接线端子连接。

**4**

使用一字槽螺钉旋具将声光控延时开关的护板撬开。

**3**

使用绝缘胶带对连接处的裸露导线进行绝缘处理。

**5**

拧松声光控延时开关接线柱的固定螺钉。

**6**

声光控延时开关接线图

相线出接线端子A

相线进接线端子L

按声光控延时开关接线端子上的标识进行线路的连接。

**8**

光控延时开关

将声光控延时开关固定在接线盒上，安装声光控延时开关护板。

**7**

照明灯预留相线

根据声光控延时开关接线图进行正确的连接。

## 特别提醒

　　严禁将L、A端接反。将照明灯预留的相线（红色）按照开关上的标识插入声光控延时开关的相线进接线端子L内，选择合适的螺钉旋具将该接线端子的紧固螺钉拧紧，以固定照明灯预留的相线。接着，用同样的方法将配电盘预留相线固定在相线出接线端子A上。

## 4.2.1 单相三孔插座的安装

单相三孔插座主要用于连接需要接地保护的单相用电设备，设有地线连接端。在动手安装单相三孔插座之前，首先要了解其连接方式，然后再进行安装。

【单相三孔插座的安装连接示意图】

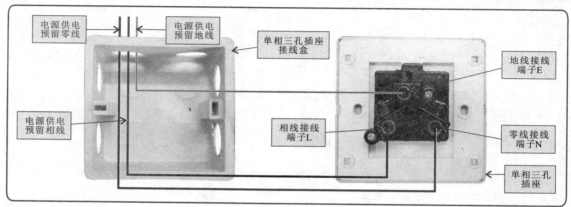

了解了单相三孔插座的安装接线后，便可以动手安装了。

【单相三孔插座的安装】

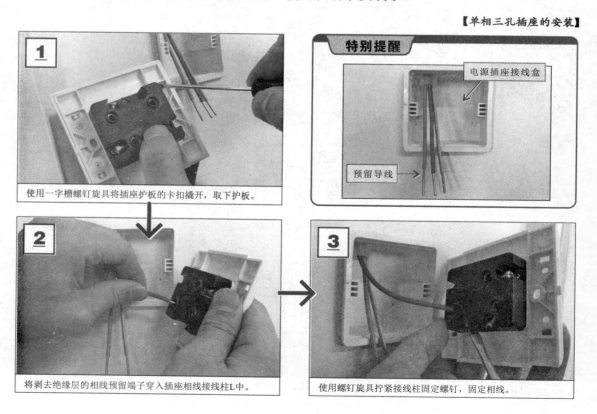

**1** 使用一字槽螺钉旋具将插座护板的卡扣撬开，取下护板。

**特别提醒**

电源插座接线盒

预留导线

**2** 将剥去绝缘层的相线预留端子穿入插座相线接线柱L中。

**3** 使用螺钉旋具拧紧接线柱固定螺钉，固定相线。

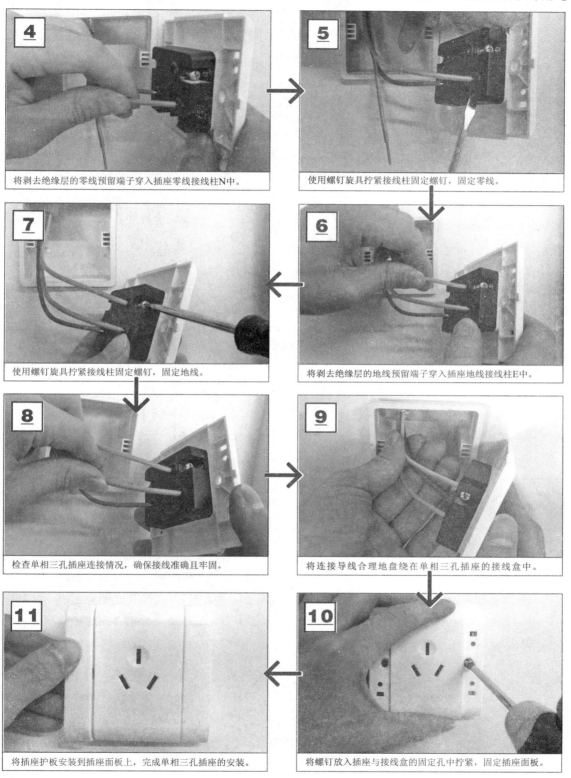

**4** 将剥去绝缘层的零线预留端子穿入插座零线接线柱N中。

**5** 使用螺钉旋具拧紧接线柱固定螺钉，固定零线。

**7** 使用螺钉旋具拧紧接线柱固定螺钉，固定地线。

**6** 将剥去绝缘层的地线预留端子穿入插座地线接线柱E中。

**8** 检查单相三孔插座连接情况，确保接线准确且牢固。

**9** 将连接导线合理地盘绕在单相三孔插座的接线盒中。

**11** 将插座护板安装到插座面板上，完成单相三孔插座的安装。

**10** 将螺钉放入插座与接线盒的固定孔中拧紧，固定插座面板。

组合插座上设计了多组插孔，用于连接不同的用电设备。在动手安装组合插座之前，首先要了解其连接方式，然后再进行安装。

**【组合插座的安装连接示意图】**

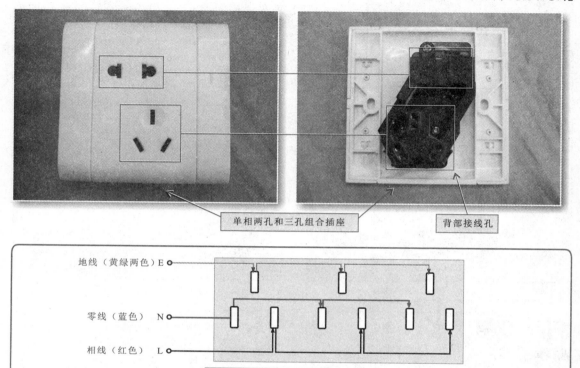

单相两孔和三孔组合插座

背部接线孔

地线（黄绿两色）E

零线（蓝色）N

相线（红色）L

单相三孔组合插座接线示意图

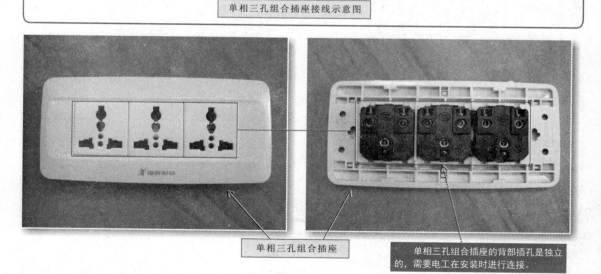

单相三孔组合插座

单相三孔组合插座的背部插孔是独立的，需要电工在安装时进行连接。

了解了组合插座的安装接线后，不难发现其连接方法基本相同。下面以单相三孔组合插座为例介绍其安装连接的全过程。

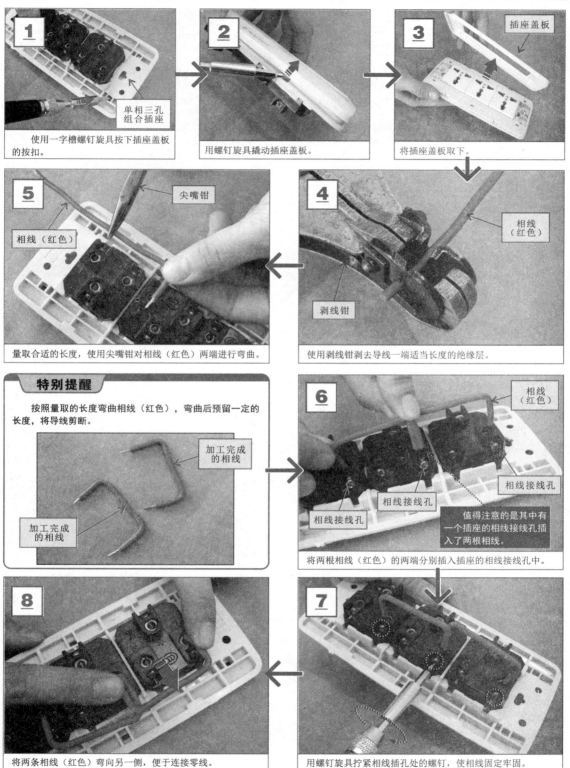

**1** 单相三孔组合插座

使用一字槽螺钉旋具按下插座盖板的按扣。

**2**

用螺钉旋具撬动插座盖板。

**3** 插座盖板

将插座盖板取下。

**5** 尖嘴钳 相线（红色）

量取合适的长度，使用尖嘴钳对相线（红色）两端进行弯曲。

**4** 相线（红色） 剥线钳

使用剥线钳剥去导线一端适当长度的绝缘层。

### 特别提醒

按照量取的长度弯曲相线（红色），弯曲后预留一定的长度，将导线剪断。

加工完成的相线

加工完成的相线

**6** 相线（红色） 相线接线孔 相线接线孔 相线接线孔

值得注意的是其中有一个插座的相线接线孔插入了两根相线。

将两根相线（红色）的两端分别插入插座的相线接线孔中。

**8**

将两条相线（红色）弯向另一侧，便于连接零线。

**7**

用螺钉旋具拧紧相线插孔处的螺钉，使相线固定牢固。

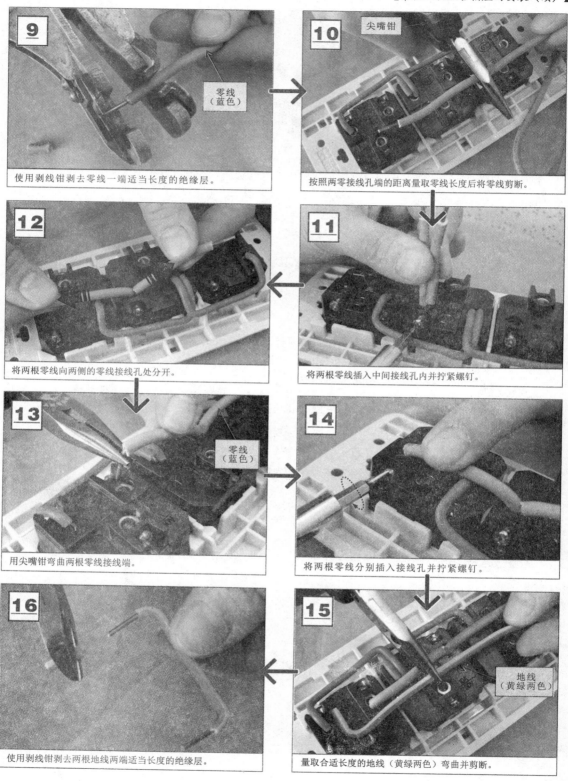

**9** 零线（蓝色）

使用剥线钳剥去零线一端适当长度的绝缘层。

**10** 尖嘴钳

按照两零接线孔端的距离量取零线长度后将零线剪断。

**12**

将两根零线向两侧的零线接线孔处分开。

**11**

将两根零线插入中间接线孔内并拧紧螺钉。

**13** 零线（蓝色）

用尖嘴钳弯曲两根零线接线端。

**14**

将两根零线分别插入接线孔并拧紧螺钉。

**16**

使用剥线钳剥去两根地线两端适当长度的绝缘层。

**15** 地线（黄绿两色）

量取合适长度的地线（黄绿两色）弯曲并剪断。

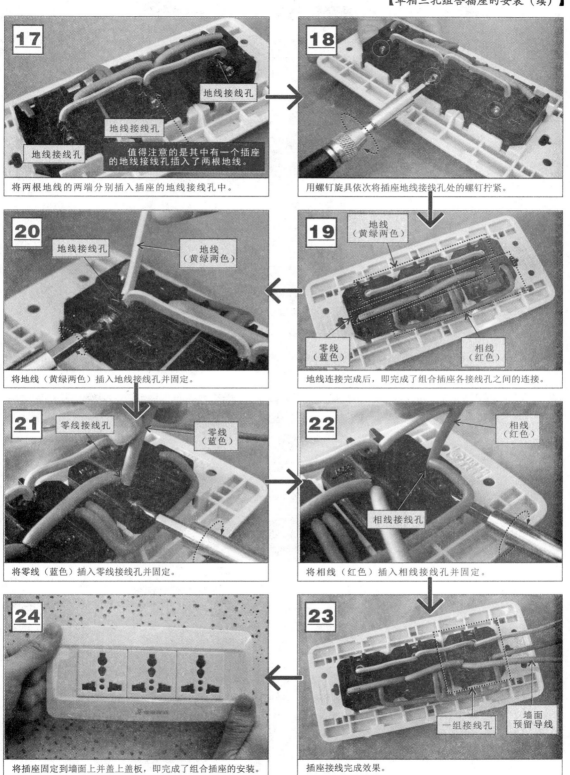

**17** 地线接线孔

地线接线孔

地线接线孔

值得注意的是其中有一个插座的地线接线孔插入了两根地线。

将两根地线的两端分别插入插座的地线接线孔中。

**18**

用螺钉旋具依次将插座地线接线孔处的螺钉拧紧。

**19** 地线（黄绿两色）

零线（蓝色）

相线（红色）

地线连接完成后，即完成了组合插座各接线孔之间的连接。

**20** 地线接线孔

地线（黄绿两色）

将地线（黄绿两色）插入地线接线孔并固定。

**21** 零线接线孔

零线（蓝色）

将零线（蓝色）插入零线接线孔并固定。

**22** 相线（红色）

相线接线孔

将相线（红色）插入相线接线孔并固定。

**23** 一组接线孔

墙面预留导线

插座接线完成效果。

**24**

将插座固定到墙面上并盖上盖板，即完成了组合插座的安装。

带电源开关的插座上设有控制电源的开关，无须频繁插拔设备插头。在动手安装带电源开关的插座之前，首先要了解其连接方式，然后再进行安装。

**【带电源开关插座的安装连接示意图】**

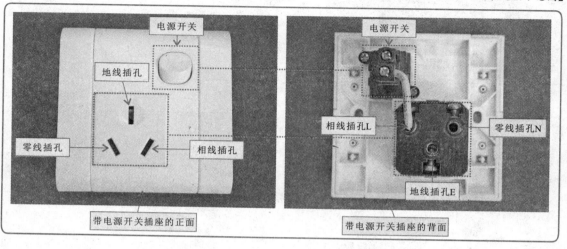

电源开关
地线插孔
零线插孔
相线插孔
带电源开关插座的正面

电源开关
相线插孔L
零线插孔N
地线插孔E
带电源开关插座的背面

了解了带电源开关插座的安装接线后，便可以动手安装了。

**【带电源开关插座的安装】**

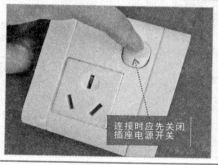

**特别提醒**

　　在安装带电源开关的插座时，应主要考虑两个方面：一是家用电器的"待机耗电"情况；二是方便使用。很多家用电器都有待机耗电现象，如洗衣机、电热水器、电磁炉、计算机、音响等。这类使用频率相对较低的家用电器，为了避免频繁插拔，可以考虑用带功能开关的插座。

连接时应先关闭插座电源开关

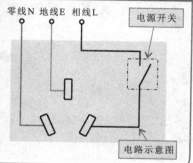

零线N 地线E 相线L
电源开关
电路示意图

**【带电源开关插座的安装】**

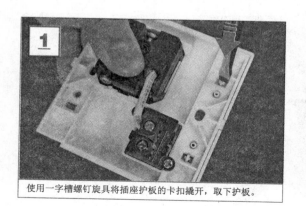

**1**

使用一字槽螺钉旋具将插座护板的卡扣撬开，取下护板。

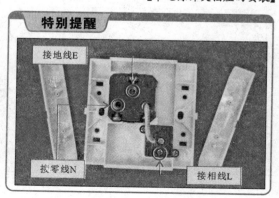

**特别提醒**

接地线E
拨零线N
接相线L

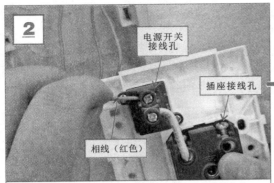

**2**　电源开关接线孔　插座接线孔　相线（红色）

将剥去绝缘层的相线预留端子穿入电源开关相线接线柱中。

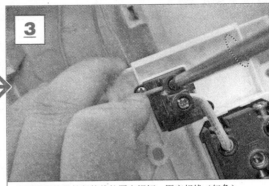

**3**

使用螺钉旋具拧紧接线柱固定螺钉，固定相线（红色）。

**5**　插座接线孔

使用螺钉旋具拧紧接线固定螺钉，固定零线（蓝色）。

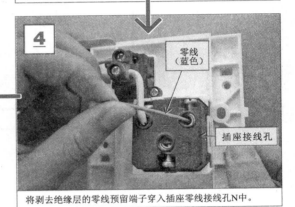

**4**　零线（蓝色）　插座接线孔

将剥去绝缘层的零线预留端子穿入插座零线接线孔N中。

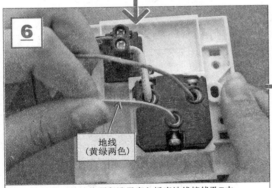

**6**　地线（黄绿两色）

将剥去绝缘层的地线预留端子穿入插座地线接线孔E中。

**7**

使用螺钉旋具拧紧接线固定螺钉，固定地线(黄绿两色)。

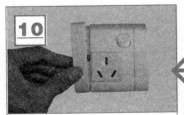

**10**

将插座护板安装到插座面板上，完成带电源开关插座的安装。

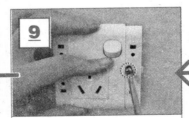

**9**

将螺钉放入插座与接线盒的固定孔中拧紧，固定插座面板。

**8**

将连接导线合理地盘绕在带电源开关插座的接线盒中。

有线电视插座（用户终端接线模块）是有线电视系统与用户电视机连接的端口。在动手安装有线电视插座之前，首先要了解其连接方式，然后再进行安装。

**【有线电视插座的安装接线示意图】**

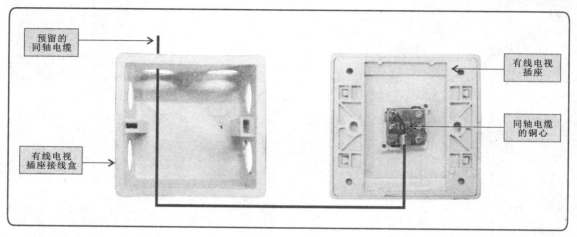

了解了有线电视插座的安装接线后，便可以动手安装了。

**【有线电视插座的安装】**

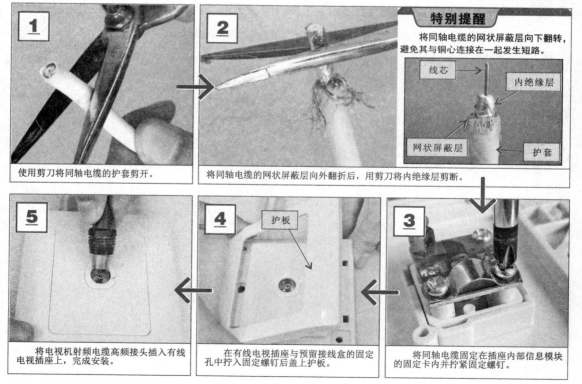

**1** 使用剪刀将同轴电缆的护套剪开。

**2** 将同轴电缆的网状屏蔽层向外翻折后，用剪刀将内绝缘层剪断。

**特别提醒**
将同轴电缆的网状屏蔽层向下翻转，避免其与铜心连接在一起发生短路。

线芯　内绝缘层
网状屏蔽层　护套

**3** 将同轴电缆固定在插座内部信息模块的固定卡内并拧紧固定螺钉。

**4** 护板
在有线电视插座与预留接线盒的固定孔中拧入固定螺钉后盖上护板。

**5** 将电视机射频电缆高频接头插入有线电视插座上，完成安装。

　　网络插座（网络信息模块）是网络通信系统与用户计算机连接的端口。在动手安装网络插座之前，首先要了解其连接方式，然后再进行安装。

【网络插座的安装接线示意图】

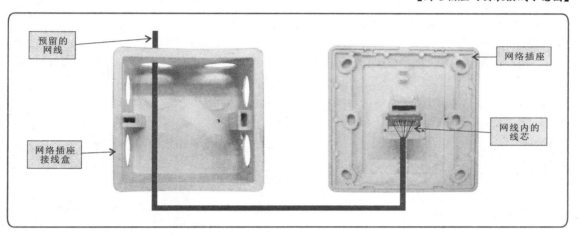

预留的网线

网络插座

网络插座接线盒

网线内的线芯

　　了解了网络插座的安装接线后，便可以动手安装了。

【网络插座的安装】

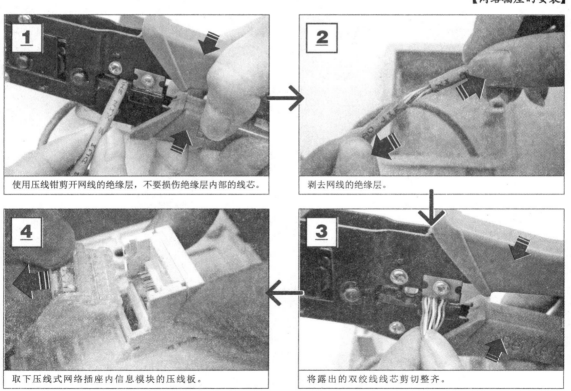

**1** 使用压线钳剪开网线的绝缘层，不要损伤绝缘层内部的线芯。

**2** 剥去网线的绝缘层。

**4** 取下压线式网络插座内信息模块的压线板。

**3** 将露出的双绞线线芯剪切整齐。

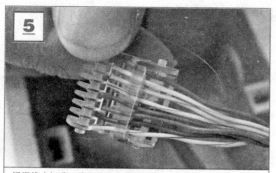

根据线序标准，将网线全部穿入压线板的线槽中。

**特别提醒**

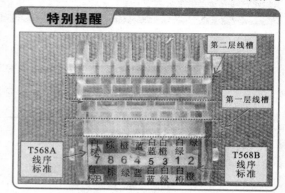

第二层线槽

第一层线槽

T568A 线序标准

T568B 线序标准

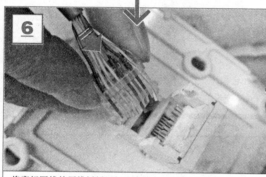

将穿好网线的压线板插回插座内的网络信息模块上。

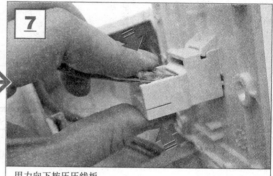

用力向下按压压线板。

检查压装好的压线板，确保接线及压接正常。

借助钳子压装压线板。

将固定螺钉放入网络插座与接线盒的固定孔中拧紧。

将连接水晶头的网络连接线插入网络插座上，完成网络连接。

# 第5章
# 常用低压电器部件的检测

## 5.1 接触器的检测

### 5.1.1 交流接触器的检测

交流接触器是用于交流电源线路中的通断开关，在各种配电电路中应用较广泛，具有欠电压和零电压释放保护、工作可靠、性能稳定、操作频率高、维护方便等特点。

**【交流接触器的外形及接线端子识别】**

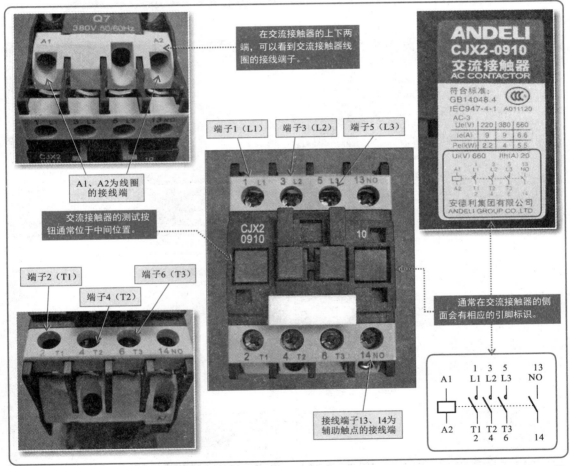

在交流接触器的上下两端，可以看到交流接触器线圈的接线端子。

A1、A2为线圈的接线端

交流接触器的测试按钮通常位于中间位置。

端子1（L1）　端子3（L2）　端子5（L3）

端子2（T1）　端子6（T3）

端子4（T2）

通常在交流接触器的侧面会有相应的引脚标识。

接线端子13、14为辅助触点的接线端

根据交流接触器的标识知道了接线端子和线圈的连接端，接下来就需要对该交流接触器进行检测。当判断交流接触器是否正常时，可先对线圈的电阻值进行检测，然后再对相应触点间的电阻值进行检测，从而判断其性能。

将万用表调至"R×100"电阻档，对接触器线圈的电阻值进行检测；将万用表调至"R×1"档，对接触器触点的电阻进行检测。

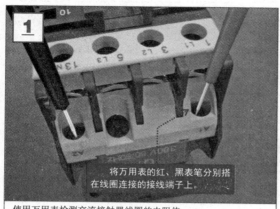

将万用表的红、黑表笔分别搭在线圈连接的接线端子上。

使用万用表检测交流接触器线圈的电阻值。

在此种规格下，万用表测得的电阻值为1400Ω左右。

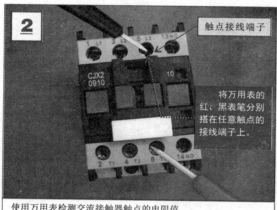

触点接线端子

将万用表的红、黑表笔分别搭在任意触点的接线端子上。

使用万用表检测交流接触器触点的电阻值。

正常情况下，万用表测得的电阻值为无穷大。

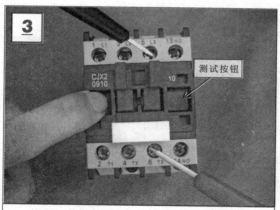

测试按钮

按下测试按钮后，再次使用万用表检测交流接触器任意触点间的电阻值。

正常情况下，在按下测试按钮后，万用表测得的电阻值为0Ω。

### 特别提醒

　　若检测交流接触器的结果与以上检测结果相同或相近（线圈间有一定的电阻值；常开触点间的电阻值为无穷大；触点闭合后电阻值为0Ω），则表明交流接触器性能正常，否则表明该交流接触器可能存在故障。

直流接触器是一种应用于直流电源线路中的通断开关，也具有低电压释放保护、工作可靠和性能稳定等特点。

**【直流接触器的外形及接线端子识别】**

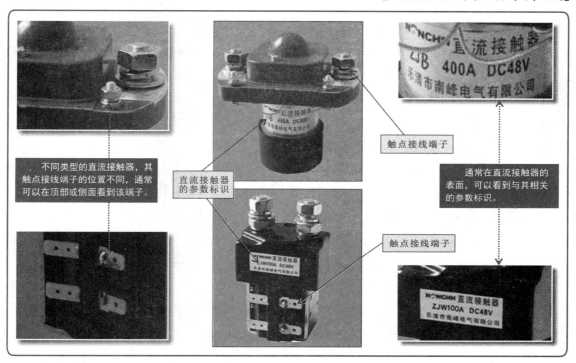

不同类型的直流接触器，其触点接线端子的位置不同，通常可以在顶部或侧面看到该端子。

直流接触器的参数标识

触点接线端子

触点接线端子

通常在直流接触器的表面，可以看到与其相关的参数标识。

当判断直流接触器是否正常时，也可对线圈及触点间的电阻值进行检测。正常情况下，线圈应有一定的电阻值；触点间电阻值根据其状态不同而变化，当触点断开时，为无穷大；触点闭合时，为0Ω。检测时，将万用表调至"R×1"电阻档，对直流接触器触点的电阻值进行检测。

**【直流接触器的检测方法】**

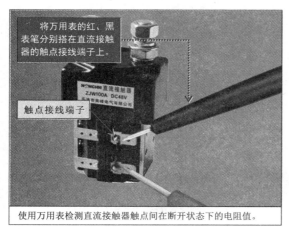

将万用表的红、黑表笔分别搭在直流接触器的触点接线端子上。

触点接线端子

使用万用表检测直流接触器触点间在断开状态下的电阻值。

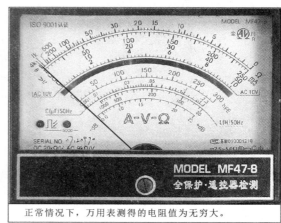

正常情况下，万用表测得的电阻值为无穷大。

### ▶ 5.2.1 自复位常开开关的检测 »

　　自复位常开开关在控制电路中常用作起动按钮，通常位于接触器线圈和供电电源之间，用于控制接触器线圈的得失电，从而控制用电设备的工作。

【自复位常开开关的外形及接线端子识别】

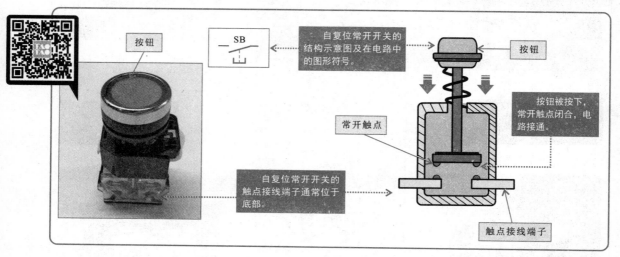

　　检测自复位常开开关是否正常时，主要是检测触点在不同工作状态下（闭合和断开）的电阻值是否正常。检测时，将万用表调至"R×1"电阻档，对常开开关触点间的电阻值进行检测。

【自复位常开开关的检测方法】

使用万用表检测自复位常开开关接线端的电阻值。

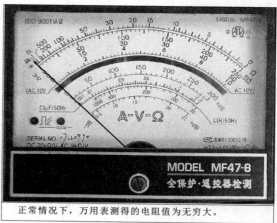

正常情况下，万用表测得的电阻值为无穷大。

> **特别提醒**
>
> 按下自复位常开开关的按钮后，万用表测得的电阻值应为0Ω，若所测量结果不符，则表明该自复位常开开关损坏。

　　自复位复合开关内部包括常闭触点和常开触点，在未操作时，常闭触点处于闭合状态，常开触点处于断开状态；在操作时，常闭触点断开，常开触点闭合。

**【自复位复合开关的外形及接线端子识别】**

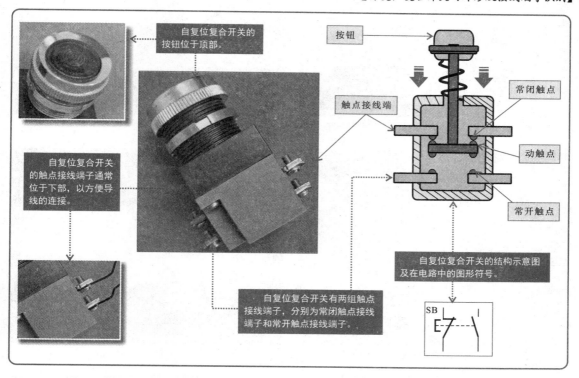

　　当需要判断自复位复合开关本身的性能是否正常时，可先在未按下按钮的状态下，检测常闭触点和常开触点的通断是否正常，然后在按下按钮的状态下，再次检测常闭触点和常开触点的通断是否正常。

**【自复位复合开关的检测方法】**

使用万用表检测常闭触点间的电阻值。

在未按下按钮时，测得的电阻值为0Ω。

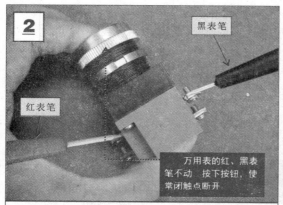

**2**

红表笔　黑表笔

万用表的红、黑表笔不动　按下按钮，使常闭触点断开

按下自复位复合开关的按钮，再次检测常闭触点间的电阻值。

在按下按钮时，测得的电阻值为无穷大。

**3**

红表笔　黑表笔

将万用表的红、黑表笔分别搭在常开触点的两个接线端子上。

使用万用表检测常开触点接线端子间的电阻值。

正常情况下，万用表测得的电阻值为无穷大。

**4**

红表笔　黑表笔

万用表的红、黑表笔搭在常开触点的接线端，按下按钮，使常开触点闭合。

按下自复位复合开关的按钮，再次检测常开触点间的电阻值。

正常情况下，万用表测得的电阻值为0Ω。

## 特别提醒

　　若实际检测自复位复合开关的结果与上述检测的结果相同或相近（在未按下按钮时常闭触点间的电阻值为0Ω，常开触点间的电阻值为无穷大。按下按钮再次检测时，常闭触点间的电阻值为无穷大，常开触点间的电阻值为0Ω），则表明该自复位复合开关的性能正常，否则表明该自复位复合开关的触点可能损坏。

### 5.3.1 电磁继电器的检测

电磁继电器通常用于自动控制系统中。它实际上是用较小的电流或电压去控制较大电流或电压的一种自动开关，起到自动调节、保护和转换电路的作用。

【电磁继电器的外形及接线端子识别】

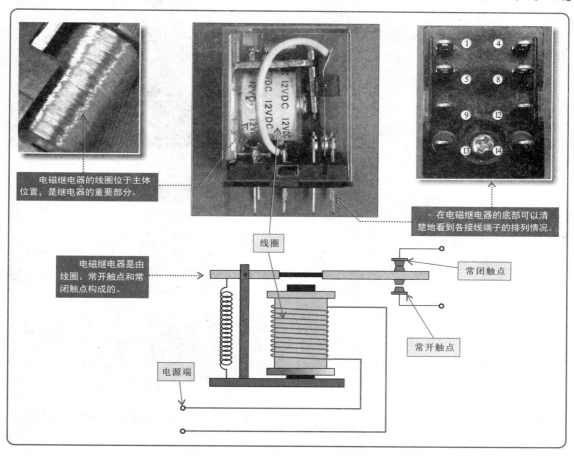

电磁继电器的线圈位于主体位置，是继电器的重要部分。

在电磁继电器的底部可以清楚地看到各接线端子的排列情况。

电磁继电器是由线圈、常开触点和常闭触点构成的。

线圈

常闭触点

常开触点

电源端

**特别提醒**

不同厂家、不同型号的电磁继电器，其外形也有所区别，但主要的构成部分以及内部结构基本相同，一般是由线圈、触点和接线端子等构成的。

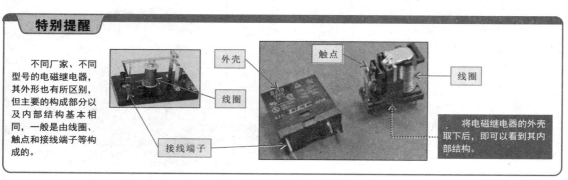

外壳

线圈

接线端子

触点

线圈

将电磁继电器的外壳取下后，即可以看到其内部结构。

判断电磁继电器是否正常时，主要是对各触点间的电阻值和线圈的电阻值进行检测。正常情况下常闭触点间的电阻值为0Ω，常开触点间的电阻值为无穷大，线圈应有一定的电阻值。将万用表调至"R×10"电阻档，对电磁继电器线圈和触点的电阻值进行检测。

**【电磁继电器的检测方法】**

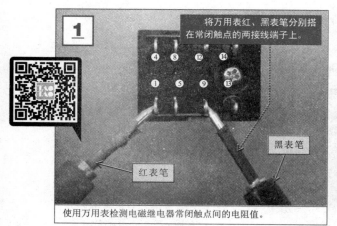

使用万用表检测电磁继电器常闭触点间的电阻值。

正常情况下，万用表测得的电阻值为0Ω。

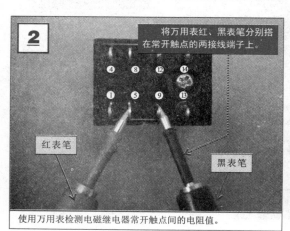

使用万用表检测电磁继电器常开触点间的电阻值。

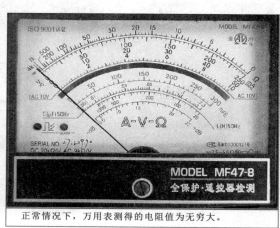

正常情况下，万用表测得的电阻值为无穷大。

使用万用表检测电磁继电器线圈接线端子间的电阻值。

正常情况下，万用表应测得有一定的电阻值。

热继电器(热过载继电器)属于电气保护元器件,它利用电流的热效应来推动动作机构使触点闭合或断开,多用于电动机的过载保护、断相保护和电流不平衡保护。

检测热继电器是否正常时,应在其不同状态下检测触点间的电阻值是否正常。检测前应先对热继电器的相关接线端子进行识别。

【热继电器的外形及接线端子识别】

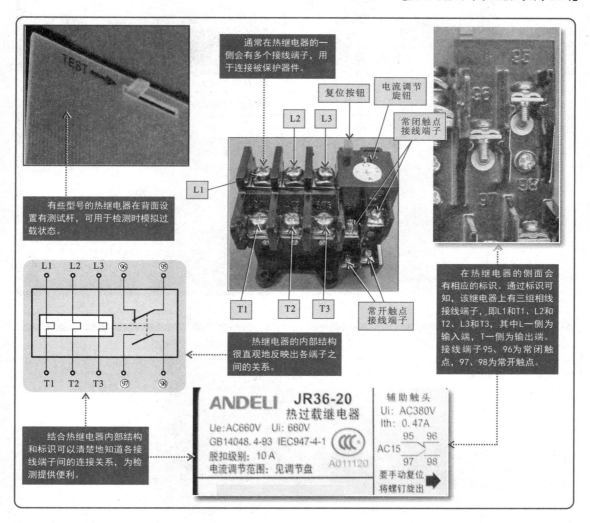

通常在热继电器的一侧会有多个接线端子,用于连接被保护器件。

复位按钮

电流调节旋钮

常闭触点接线端子

L2　L3

L1

有些型号的热继电器在背面设置有测试杆,可用于检测时模拟过载状态。

T1　T2　T3

常开触点接线端子

在热继电器的侧面会有相应的标识。通过标识可知,该继电器上有三组相线接线端子,即L1和T1、L2和T2、L3和T3,其中L一侧为输入端,T一侧为输出端。接线端子95、96为常闭触点,97、98为常开触点。

热继电器的内部结构很直观地反映出各端子之间的关系。

结合热继电器内部结构和标识可以清楚地知道各接线端子间的连接关系,为检测提供便利。

ANDELI JR36-20
热过载继电器
Ue:AC660V　Ui: 660V
GB14048.4-93 IEC947-4-1
脱扣级别: 10 A
电流调节范围: 见调节盘
A011120

辅助触头
Ui: AC380V
Ith: 0.47A
95　96
AC15
97　98
要手动复位
将螺钉旋出 ➡

 **1. 正常环境下检测热继电器的电阻值**

检测热继电器在正常状态下的触点电阻值,即检测常闭触点、常开触点间的电阻值在不同状态下是否正常。将万用表调至"R×1"电阻档,进行零欧姆校正后,对触点间的电阻值进行检测。

使用万用表检测热继电器的95、96端子间的电阻值。

正常情况下，万用表测得的电阻值为0Ω。

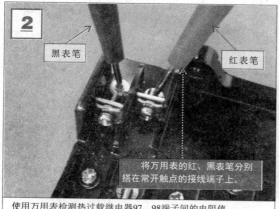

使用万用表检测热过载继电器97、98端子间的电阻值。

正常情况下，万用表测得的电阻值为无穷大。

### 特别提醒

由前文可知，在热继电器中接线端子L1、L2、L3分别与T1、T2、T3相连，用于连接被保护器件，正常情况下，相对应的端子间的电阻值应接近0Ω。

若对应接线端子间的电阻值为无穷大，则表明该组接线端子间有断路故障。

相对应的两个引出接线端子

## 2. 过载环境下检测热继电器的电阻值

若在正常环境下热继电器两个引出接线端子间的电阻值正常，则还需要进一步在过载状态下检测它们之间的电阻值是否正常。将万用表调至"R×1"电阻档，进行零欧姆校正后，对两个引出接线端子间的电阻值进行检测。

**1**

红表笔

黑表笔

将万用表的红、黑表笔分别搭在常闭触点的接线端子上。

按下测试杆后，再次使用万用表检测热继电器常闭触点间的电阻值。

正常情况下，在按下测试杆后，万用表测得的热继电器常闭触点间的电阻值为无穷大。

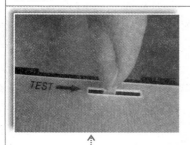

TEST →

用手拨动测试杆，使热继电器处于模拟过载的环境下，再次对常开触点、常闭触点间的电阻值进行检测。

测试杆

当热继电器处于模拟过载的状态下时，常开触点间的电阻值应为0Ω，常闭触点间的阻值应为无穷大。

**2**

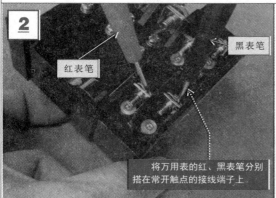

黑表笔

红表笔

将万用表的红、黑表笔分别搭在常开触点的接线端子上

按下测试杆后，再次使用万用表检测热继电器常开触点间的电阻值。

正常情况下，在按下测试杆后，万用表测得的热继电器常开触点间的电阻值为0Ω。

**特别提醒**

　　根据以上检测可知：正常情况下，测得的热继电器常闭触点的电阻值为0Ω；常开触点的电阻值为无穷大。用手拨动热过载继电器中的测试杆，在模拟过载环境下，对该继电器进行检测，此时测得的常闭触点间的电阻值应为无穷大、常开触点间的电阻值应为0Ω。若测得的电阻值偏差较大，则可能是热继电器本身损坏。

熔断器是在电路中用作短路及过载保护的一种电气保护元器件。当电路出现过载或短路故障时，其内部的熔丝会熔断，从而断开电路，起到保护作用。

**【熔断器的外形】**

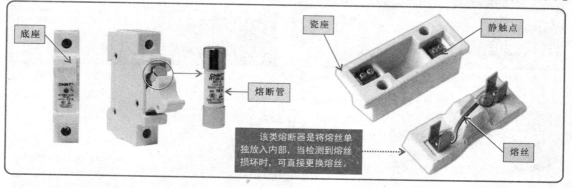

底座

熔断管

瓷座

静触点

熔丝

该类熔断器是将熔丝单独放入内部，当检测到熔丝损坏时，可直接更换熔丝。

不同类型的熔断器，检测方法基本相同，可用万用表对其电阻值进行检测。正常情况下其电阻值应接近0Ω，若电阻值为无穷大，则表明该熔丝（或熔体）已熔断。

**【熔断器的检测方法】**

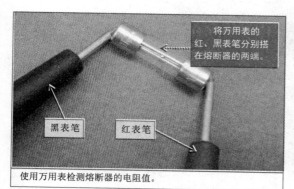

将万用表的红、黑表笔分别搭在熔断器的两端。

黑表笔

红表笔

使用万用表检测熔断器的电阻值。

正常情况下，万用表测得的电阻值约为0Ω。

**特别提醒**

通过以上检测可知，若测得的电阻器为0Ω，则表明该熔断器正常；若测得的电阻值为无穷大，则表明该熔断器已熔断。

对熔断器进行检测时，除了可以使用万用表检测阻值外，还可以通过观察法进行判断。若熔断器表面有明显的烧焦痕迹或内部熔丝已断裂，均说明低压熔断器已损坏。

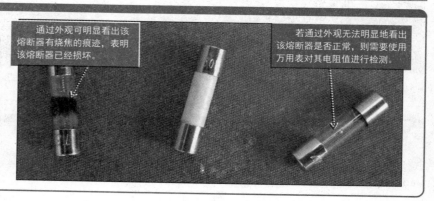

通过外观可明显看出该熔断器有烧焦的痕迹，表明该熔断器已经损坏。

若通过外观无法明显地看出该熔断器是否正常，则需要使用万用表对其电阻值进行检测。

断路器是一种既可以手动控制，又可以自动控制的开关，主要用于接通或切断供电电路。检测时可使用万用表检测其在不同状态下触点间的电阻值是否正常。

**【断路器的检测方法】**

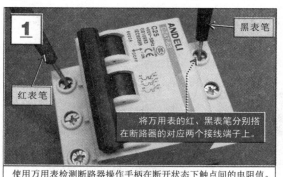

使用万用表检测断路器操作手柄在断开状态下触点间的电阻值。

正常情况下，万用表测得的电阻值为无穷大。

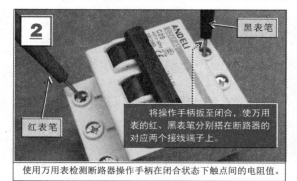

使用万用表检测断路器操作手柄在闭合状态下触点间的电阻值。

正常情况下，万用表测得的电阻值为0Ω。

**特别提醒**

在断路器内部，是通过触点的断开与闭合来实现对线路通断状态的调整。断路器的操作手柄与内部联动装置配合，将断路器操作手柄扳至"关"状态，内部触点断开，此时，使用万用表检测断路器的电阻值应为无穷大。将断路器操作手柄扳至"开"状态，内部触点闭合，此时，使用万用表检测断路器的电阻值应为零欧姆。

触点断开      触点闭合

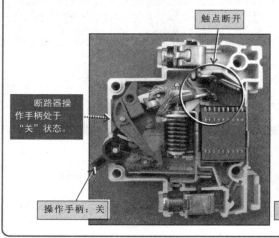

断路器操作手柄处于"关"状态。

操作手柄：关

断路器操作手柄处于"开"状态。

操作手柄：开

剩余电流断路器实际上是一种具有漏电保护功能的开关，所以俗称为漏电保护开关。这种开关具有漏电、触电、过载和短路保护功能。

【剩余电流断路器的外形】

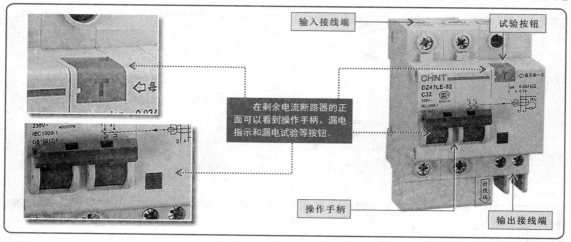

输入接线端

试验按钮

在剩余电流断路器的正面可以看到操作手柄、漏电指示和漏电试验等按钮。

操作手柄

输出接线端

当需要判断剩余电流断路器是否正常时，可在其操作手柄断开时检测输入接线端与输出接线端间的电阻值，正常情况下实测阻值应为无穷大。

【剩余电流断路器的检测方法】

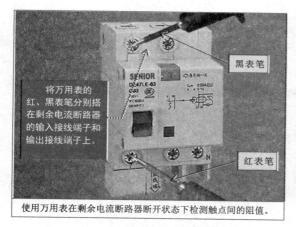

将万用表的红、黑表笔分别搭在剩余电流断路器的输入接线端子和输出接线端子上。

黑表笔

红表笔

使用万用表在剩余电流断路器断开状态下检测触点间的阻值。

正常情况下，万用表测得的电阻值为无穷大。

然后保持红、黑两表笔测量位置不变，将剩余电流断路器操作手柄闭合，测量输入接线端与输出接线端间的电阻值，正常情况下实测阻值应为0Ω。

**特别提醒**

通过以上检测可知，判断剩余电流断路器好坏的方法如下：
◆若测得剩余电流断路器的各组开关在断开状态下，触点间的电阻值均为无穷大，在闭合状态下均为0Ω，则表明正常。
◆若测得剩余电流断路器的开关在断开状态下，触点间的电阻值为0Ω，则表明内部触点粘连损坏。
◆若测得剩余电流断路器的开关在闭合状态下，触点间的电阻值为无穷大，则表明内部触点断路损坏。
◆若测得剩余电流断路器内部的各组开关有任何一组损坏，则表明损坏。

# 第6章
# 变压器和电动机的检测

## 6.1 变压器的检测

### 6.1.1 电力变压器的检测

电力变压器一般体积较大，且附件较多。在对电力变压器进行检测时，测量其绝缘电阻和绕组直流电阻是两种有效的检测手段。

【电力变压器的外形】

**特别提醒**

电力变压器是一种将某一固定值的交流电压（电流），经处理后变成频率相同、电压（电流）不同的设备。

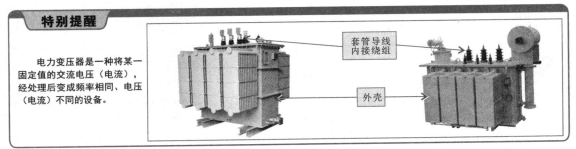

套管导线内接绕组

外壳

**1. 电力变压器绝缘电阻值的检测**

使用绝缘电阻表测量电力变压器的绝缘电阻是检测设备绝缘状态最基本的方法。通过这种测量手段能有效地发现设备受潮、部件局部脏污、绝缘击穿、瓷件破裂、引线接外壳以及老化等问题。

对电力变压器绝缘电阻的测量主要分为低压绕组对外壳的绝缘电阻测量、高压绕组对外壳的绝缘电阻测量和高压绕组对低压绕组的绝缘电阻测量。

以低压绕组对外壳的绝缘电阻测量为例。将低压侧的绕组桩头用短接线连接，接好绝缘电阻表，按120r/min的速度顺时针摇动其摇杆，读取15s和1min时的绝缘电阻值。将实测数据与标准值进行比对，即可完成测量。

【低压绕组对外壳的绝缘电阻测量】

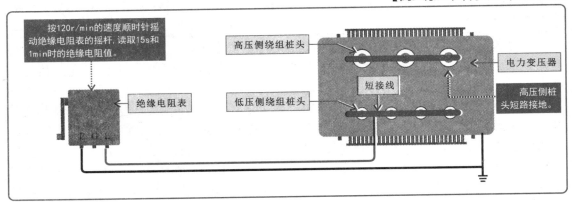

按120r/min的速度顺时针摇动绝缘电阻表的摇杆，读取15s和1min时的绝缘电阻值。

绝缘电阻表

高压侧绕组桩头

短接线

低压侧绕组桩头

电力变压器

高压侧桩头短路接地。

高压绕组对外壳的绝缘电阻测量则是将"线路"端子接电力变压器高压侧绕组桩头，"接地"端子与电力变压器接地连接即可。

若检测高压绕组对低压绕组的绝缘电阻时，将"线路"端子接电力变压器高压侧绕组桩头，"接地"端子接低压侧绕组桩头，并将"屏蔽"端子接电力变压器外壳。

**特别提醒**

使用绝缘电阻表测量电力变压器绝缘电阻前，要断开电源，并拆除或断开设备外接的连接电缆，使用绝缘棒等工具对电力变压器充分放电（以5min为宜）。

接线测量时，要确保测试线的接线必须准确无误，且测试线要使用单股线分开独立连接，不得使用双股绝缘线或绞线。

在测量完毕断开绝缘电阻表时，要先将"电路"端测试线与测试桩头分开，再降低绝缘电阻表摇速，否则会将其烧坏。测量完毕，在对电力变压器测试桩头充分放电后，方可拆线。

另外，使用绝缘电阻表检测电力变压器的绝缘电阻时，要根据电气设备及回路的电压等级选择相应规格。

| 电气设备或回路级别 | <100V | 100～500V | 500～3000V | 3000～10000V | ≥10000V |
|---|---|---|---|---|---|
| 绝缘电阻表规格 | ≥250V/50MΩ | ≥500V/100MΩ | ≥1000V/2000MΩ | ≥2500V/10000MΩ | ≥5000V/10000MΩ |

## 2. 电力变压器绕组直流电阻值的检测

对电力变压器绕组直流电阻值的测量主要是用来检查其绕组接头的焊接质量是否良好、绕组层匝间有无短路、分接开关各个位置接触是否良好以及绕组或引出线有无折断等情况。通常，对中小型电力变压器的测量，多采用直流电桥法。

【测量电力变压器绕组直流电阻的电桥】

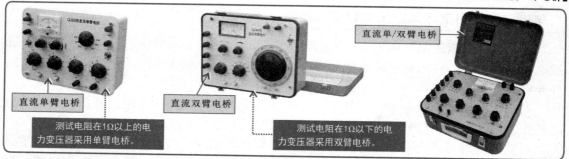

直流单臂电桥

测试电阻在1Ω以上的电力变压器采用单臂电桥。

直流双臂电桥

测试电阻在1Ω以下的电力变压器采用双臂电桥。

直流单/双臂电桥

**特别提醒**

根据规范要求：1600kV·A及以下的变压器，各相绕组的直流电阻值相互间的差别不应大于三相平均值的4%，线间差别不应大于三相平均值的2%；1600kV·A以上的变压器，各相绕组的直流电阻值相互间的差别不应大于三相平均值的2%，且当次测量值与上次测量值相比较，其变化率不应大于2%。

在测量前，将待测电力变压器的绕组与接地装置连接，进行放电操作。放电完成后拆除所有连接线。连接好电桥，对电力变压器各相绕组（线圈）的直流电阻值进行测量。

以直流双臂电桥测量为例，检查电桥性能并进行调零校正后，使用连接线将其与被测电阻连接。估计被测线圈的电阻值，将电桥倍率旋钮置于适当位置，检流计灵敏度旋钮调至最低位置，将非被测线圈短路接地。

先打开电源开关按钮（B）充电，充足电后按下检流计开关按钮（G），迅速调节测量臂，使检流计指针向检流计刻度中间的零位线方向移动，增大灵敏度微调，待指针平稳停在零位上时记录被测线圈电阻值（被测线圈电阻值＝倍率数×测量臂电阻值）。

测量完毕后，为防止在测量具有电感的直流电阻时其自感电动势损坏检流计，应先按下检流计开关按钮（G），再放开电源开关按钮（B）。

【使用直流双臂电桥测试电力变压器绕组的直流电阻】

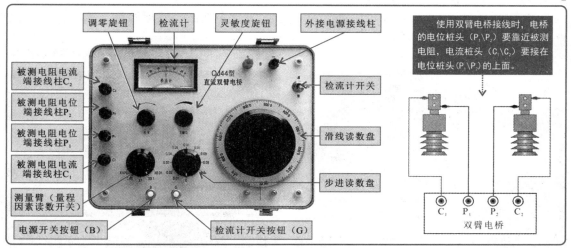

**特别提醒**

　　由于测量精度及接线方式的误差，测出的三相电阻值也不相同，可使用误差公式进行判别：$\Delta R\% = [(R_{max} - R_{min})/R_P] \times 100\%$，$R_P = (R_{ab} + R_{bc} + R_{ac})/3$。

　　式中，$\Delta R\%$为误差百分数；$R_{max}$为实测中的最大值（Ω）；$R_{min}$为实测中的最小值（Ω）；$R_P$为三相中实测的平均值（Ω）。

　　在进行当次测量值与前次测量值比对分析时，一定要在相同温度下进行，如果温度不同，则要按下式换算至20℃时的电阻值：

$R_{20℃} = R_t K$，$K = (T+20)/(T+t)$。式中，$R_{20℃}$为20℃时的直流电阻值（Ω）；$R_t$为$t$℃时的直流电阻值（Ω）；$T$为常数（铜导线为234.5，铝导线为225）；$t$为测量时的温度。

## ▶ 6.1.2 电源变压器的检测 》》

　　电源变压器一般应用在电子电器设备的控制电源、照明和指示等电路中。一般情况下，其电源输入端为一次绕组，输出端为二次绕组。通常在检测前，应先确定电源变压器的绕组，然后再分别对绕组的电阻值及电压值进行检测。

【电源变压器的外形】

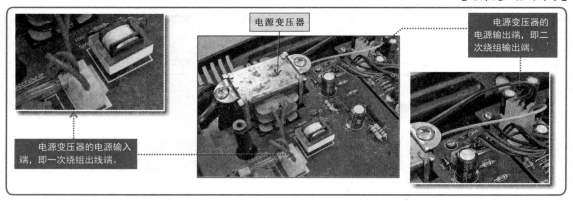

**1. 电源变压器绕组电阻值的检测**

当需要检测电源变压器绕组电阻值是否正常时，应在断电状态下使用万用表进行检测。

将万用表调至"R×10"电阻档，并进行欧姆调零操作，然后检测一次、二次绕组的电阻值。

**【电源变压器绕组电阻值的检测方法】**

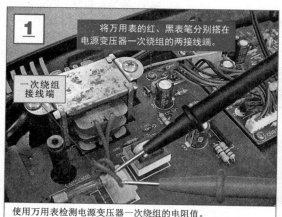

将万用表的红、黑表笔分别搭在电源变压器一次绕组的两接线端。

一次绕组接线端

使用万用表检测电源变压器一次绕组的电阻值。

本例中，22V输出端测得正常阻值为400Ω。

二次绕组接线端

使用万用表检测二次绕组的电阻值。

本例中，12V输出端测得正常阻值为300Ω。

**特别提醒**

正常情况下，电源变压器的一次绕组与二次绕组应有一定的电阻值，若实测电阻值为0Ω或无穷大，则说明其绕组已经损坏。降压变压器二次绕组的匝数较少，电阻值也比较小，若检测二次绕组间的电阻值为无穷大，则说明绕组已经断路。

 **2. 电源变压器电压值的检测**

电源变压器电压值的检测主要是指在通电情况下，检测输入电压值和输出电压值，正常情况下输出端应有变换后的电压输出。检测前，应先对电源变压器的输入电压和输出电压进行了解，并掌握具体的检测方法。

**1**

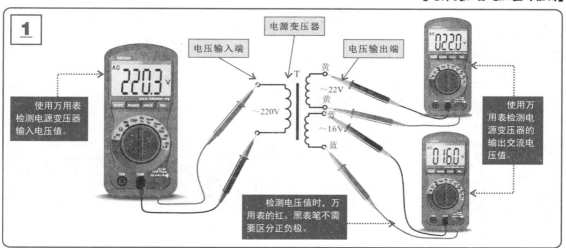

电源变压器

电压输入端

电压输出端

黄
~22V
黄
蓝
~16V
蓝

~220V

T

使用万用表检测电源变压器输入电压值。

使用万用表检测电源变压器的输出交流电压值。

检测电压值时，万用表的红、黑表笔不需要区分正负极。

特别提醒

检测前应根据电源变压器的铭牌标识，确定输入电压值为交流220V；输出端有两根蓝色线的为16V输出端，有黄色线的为22V输出端。

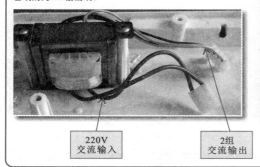

220V
交流输入

2组
交流输出

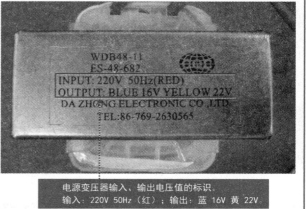

电源变压器输入、输出电压值的标识。
输入：220V 50Hz（红）；输出：蓝 16V 黄 22V。

**2**

电源变压器

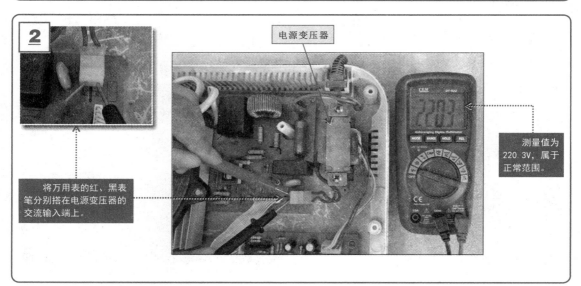

将万用表的红、黑表笔分别搭在电源变压器的交流输入端上。

测量值为220.3V，属于正常范围。

将万用表的红、黑表笔分别搭在电源变压器蓝色线输出端。

使用万用表检测电源变压器蓝色线输出的电压值。

万用表测得的电压值约为16.1V，属于正常范围。

将万用表的红、黑表笔分别搭在电源变压器黄色线输出端。

使用万用表检测电源变压器黄色线输出的电压值。

万用表测得电压值约为22.4V，属于正常范围。

## 特别提醒

在检测电源变压器是否正常时，除了可以对绕组的电阻值、输入和输出电压进行检测外，还可以使用示波器进行检测（主要是通过感应法进行检测）。使用示波器检测时，需要将电源变压器置于工作条件下，然后将示波器的探头靠近电源变压器的铁心部位，感应电源变压器的辐射信号是否正常，若电源变压器可以正常工作，则可以感应出相应的信号波形。

使用该方法对开关电源变压器进行检测时，不要接触焊点，避免触碰相线。

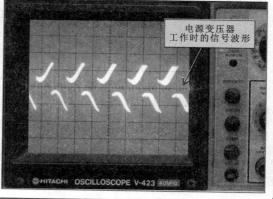

开关变压器的体积通常较小，内部的磁心使用铁氧体，主要是将高压脉冲变成多组低压脉冲。由此可知，开关变压器的二次绕组有多组，因此在检测前应先对该变压器进行认识，然后再进一步学习检测方法。

【开关变压器的外形】

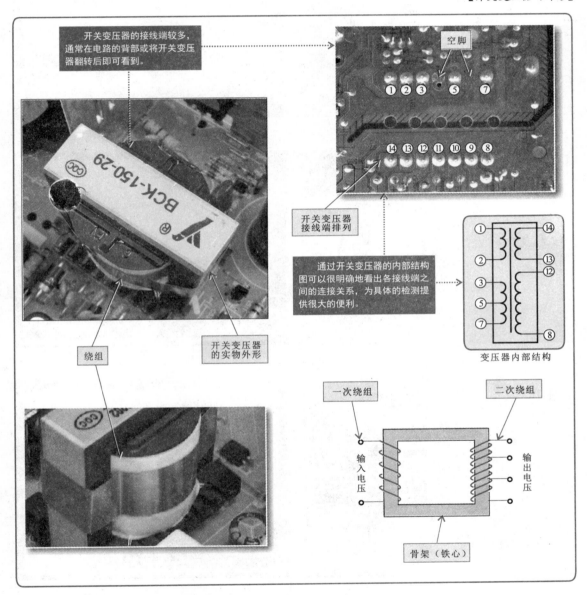

开关变压器的接线端较多，通常在电路的背部或将开关变压器翻转后即可看到。

空脚

开关变压器
接线端排列

通过开关变压器的内部结构图可以很明确地看出各接线端之间的连接关系，为具体的检测提供很大的便利。

绕组

开关变压器
的实物外形

变压器内部结构

一次绕组

二次绕组

输入电压

输出电压

骨架（铁心）

当需要判断开关变压器是否正常时，通常可以在开路状态下检测开关变压器的一次绕组和二次绕组的电阻值，再根据检测的结果进行判断。

将万用表调至"R×1"电阻档，进行零欧姆校正后，对开关变压器的绕组进行检测。

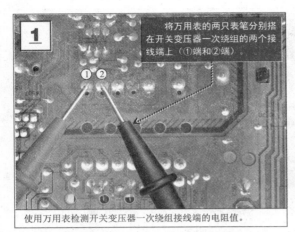

**1** 将万用表的两只表笔分别搭在开关变压器一次绕组的两个接线端上（①端和②端）。

使用万用表检测开关变压器一次绕组接线端的电阻值。

正常情况下，万用表测得的阻值很小。

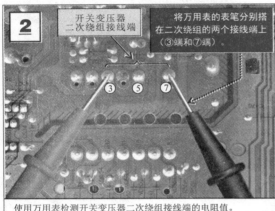

**2** 开关变压器二次绕组接线端

将万用表的表笔分别搭在二次绕组的两个接线端上（③端和⑦端）。

使用万用表检测开关变压器二次绕组接线端的电阻值。

正常情况下，万用表测得的阻值很小。

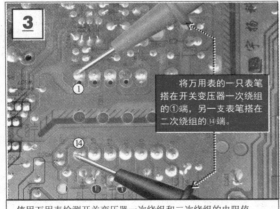

**3** 将万用表的一只表笔搭在开关变压器一次绕组的①端，另一支表笔搭在二次绕组的⑭端。

使用万用表检测开关变压器一次绕组和二次绕组的电阻值。

正常情况下，万用表测得的电阻值为无穷大。

---

**特别提醒**

　　在检测开关变压器的一次、二次绕组时，不同开关变压器的电阻值差别很大，必须参照相关数据资料，若出现偏差较大的情况，则说明开关变压器损坏。开关变压器的一次绕组和二次绕组之间的绝缘电阻值应为1MΩ以上，若出现0Ω或有远小于1MΩ的情况，则绕组间可能有短路故障或绝缘性能不良。

**6.2 电动机的检测**

交流电动机是由交流电源供给电能，并可将电能转变为机械能的一种电动装置。交流电动机根据供电方式的不同，可分为单相交流电动机和三相交流电动机两大类。

【交流电动机的外形】

单相交流电动机

三相交流电动机

**◆ 1. 单相交流电动机的检测方法**

单相交流电动机由单相交流电源提供电能，通常其额定工作电压为单相交流220V。

【单相交流电动机的实物及应用】

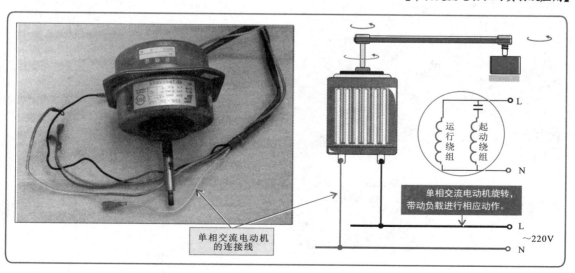

单相交流电动机
的连接线

运行绕组  起动绕组

单相交流电动机旋转，
带动负载进行相应动作。

~220V

单相交流电动机有3个接线端子。通常可以使用万用表分别检测其任意两个接线端子之间的电阻值，然后对测量值进行比对，即可判别其绕组是否正常。正常情况下，起动绕组端和运行绕组端之间的电阻值应为起动绕组电阻值与运行绕组电阻值之和。

**【单相交流电动机的检测方法】**

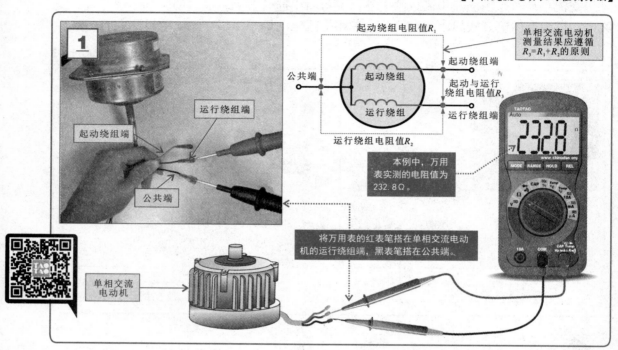

起动绕组电阻值 $R_1$

单相交流电动机测量结果应遵循 $R_3=R_1+R_2$ 的原则

公共端

起动绕组

运行绕组

起动绕组端

起动与运行绕组电阻值 $R_3$

运行绕组端

运行绕组电阻值 $R_2$

本例中，万用表实测的电阻值为232.8Ω。

运行绕组端

起动绕组端

公共端

将万用表的红表笔搭在单相交流电动机的运行绕组端，黑表笔搭在公共端。

单相交流电动机

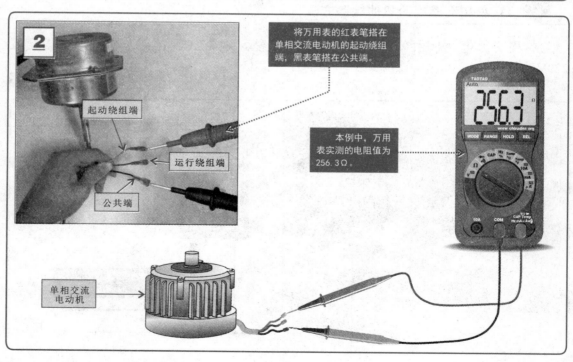

将万用表的红表笔搭在单相交流电动机的起动绕组端，黑表笔搭在公共端。

起动绕组端

运行绕组端

公共端

本例中，万用表实测的电阻值为256.3Ω。

单相交流电动机

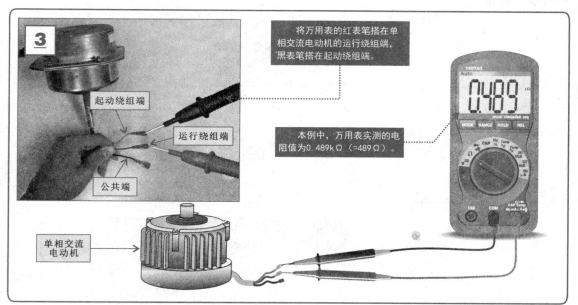

将万用表的红表笔搭在单相交流电动机的运行绕组端，黑表笔搭在起动绕组端。

本例中，万用表实测的电阻值为0.489kΩ（=489Ω）。

起动绕组端

运行绕组端

公共端

单相交流电动机

**特别提醒**

对于单相电动机（3根绕组引线），则检测两两引线之间的电阻值会得到的3个数值$R_1$、$R_2$、$R_3$，三者应满足两个较小数值之和等于较大数值（$R_1+R_2=R_3$）的关系。若$R_1$、$R_2$、$R_3$任意一个为无穷大，则说明绕组内部存在断路故障。

 **2. 三相交流电动机的检测方法**

三相交流电动机是由三相交流电提供电能，可将电能转变为机械能的一种电动装置，是工业生产中主要的动力设备。

【三相交流电动机的外形】

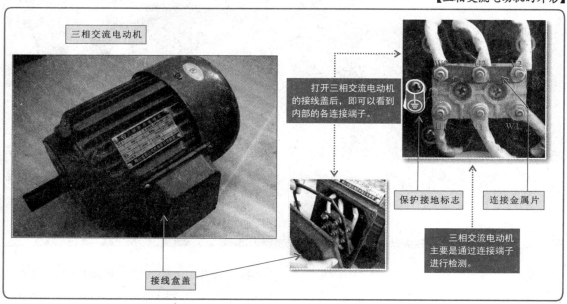

三相交流电动机

打开三相交流电动机的接线盖后，即可以看到内部的各连接端子。

保护接地标志

连接金属片

三相交流电动机主要是通过连接端子进行检测。

接线盒盖

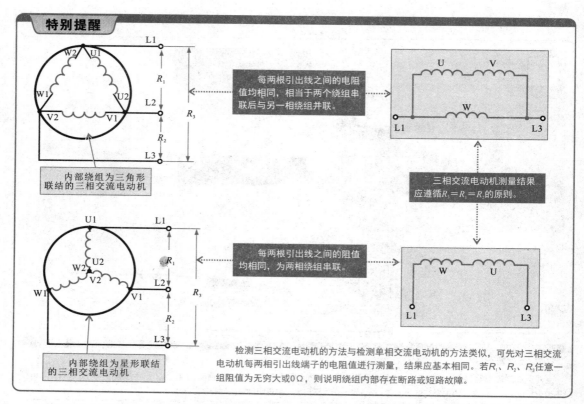

每两根引出线之间的电阻值均相同，相当于两个绕组串联后与另一相绕组并联。

内部绕组为三角形联结的三相交流电动机

三相交流电动机测量结果应遵循 $R_1 = R_1 = R_3$ 的原则。

每两根引出线之间的阻值均相同，为两相绕组串联。

内部绕组为星形联结的三相交流电动机

检测三相交流电动机的方法与检测单相交流电动机的方法类似，可先对三相交流电动机每两根引出线端子的电阻值进行测量，结果应基本相同。若 $R_1$、$R_2$、$R_3$ 任意一组阻值为无穷大或 $0\Omega$，则说明绕组内部存在断路或短路故障。

    通过以上的学习，可知检测三相交流电动机是否正常时，可以借助万用表、万能电桥等对三相交流电动机绕组的电阻值进行检测，除此之外，还可以进一步对绝缘电阻、空载电流等进行检测，通过检测结果判断交流电动机的性能是否正常。

**【三相交流电动机的检测方法】**

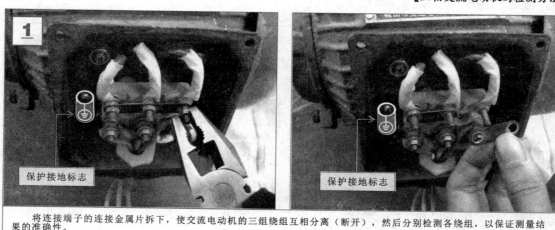

**1**

保护接地标志

保护接地标志

    将连接端子的连接金属片拆下，使交流电动机的三组绕组互相分离（断开），然后分别检测各绕组，以保证测量结果的准确性。

    检测三相交流电动机绕组的电阻值时，为了精确测量出每相绕组的电阻值，通常使用万能电桥或电阻测量仪进行检测，即使有微小偏差也能被检测出。

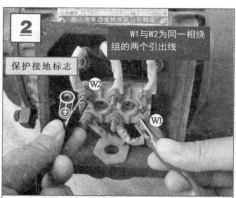

**2**

W1与W2为同一相绕组的两个引出线

保护接地标志

将万能电桥测试线上的鳄鱼夹夹在电动机一相绕组的两端引出线上，检测电阻值。

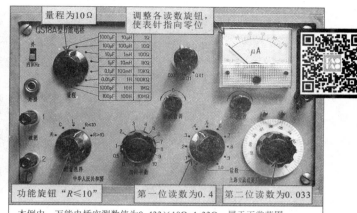

量程为10Ω　　调整各读数旋钮，使表针指向零位

功能旋钮"$R \leq 10$"　　第一位读数为0.4　　第二位读数为0.033

本例中，万能电桥实测数值为0.433×10Ω=4.33Ω，属于正常范围。

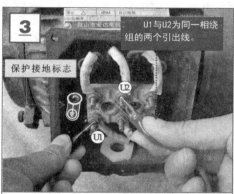

**3**

U1与U2为同一相绕组的两个引出线。

保护接地标志

使用相同的方法，将鳄鱼夹夹在电动机第二相绕组的两端引出线上，检测电阻值。

本例中，万能电桥实测数值为0.433×10Ω=4.33Ω，属于正常范围。

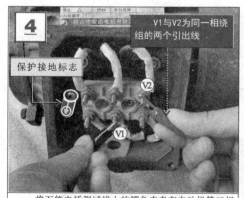

**4**

V1与V2为同一相绕组的两个引出线

保护接地标志

将万能电桥测试线上的鳄鱼夹夹在电动机第三相绕组的两端引出线上，检测电阻值。

本例中，万能电桥实测数值为0.433×10Ω=4.33Ω，属于正常范围。

---

**特别提醒**

　　通过以上检测可知，在正常情况下，三相交流电动机每相绕组的电阻值约为4.33Ω，若测得三组绕组的电阻值不同，则绕组内可能有短路或断路情况。

　　若通过检测发现电阻值出现较大的偏差，则表明电动机的绕组已损坏。

**5**

将绝缘电阻表的黑色（E端）测试线接在交流电动机的接地端上，红色（L端）测试线接在其中一相绕组的出线端子上。

黑色测试线

红色测试线

使用绝缘电阻表检测交流电动机外壳与绕组间的绝缘电阻。

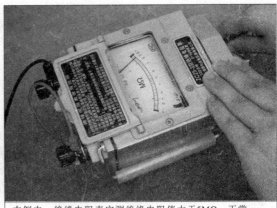

本例中，绝缘电阻表实测绝缘电阻值大于5MΩ，正常。

**特别提醒**

使用绝缘电阻表检测交流电动机绕组与外壳间的绝缘电阻值时，应以120r/min的速率匀速转动绝缘电阻表的手柄，并观察指针的摆动情况，本例中，实测绝缘电阻值均大于5MΩ。

若检测结果远小于5MΩ，则说明电动机绝缘性能不良或内部导电部分与外壳之间有漏电情况。

**6**

将绝缘电阻表的两根测试线分别接在不同绕组的连接端子上。

保护接地标志

使用绝缘电阻表检测交流电动机各绕组间的绝缘电阻值。

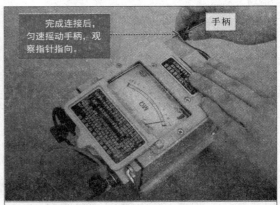

完成连接后，匀速摇动手柄，观察指针指向。

手柄

正常情况下，绕组间的绝缘电阻值应大于5MΩ。

**特别提醒**

在检测交流电动机绕组间的绝缘电阻值时，应记得将端子之间的连接金属片拆下，否则会使测量结果出现错误，影响对故障原因的判断。

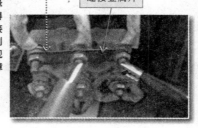

检测绕组间的绝缘电阻值时，若未将连接金属片取下，则会造成测量电阻值为0MΩ。

连接金属片

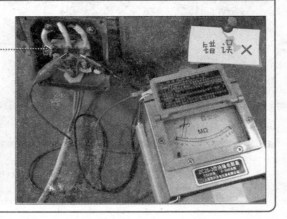

错误✗

**7**

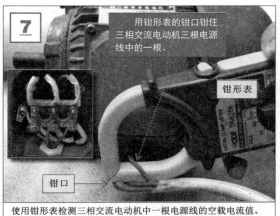

用钳形表的钳口钳住三相交流电动机三根电源线中的一根。

钳形表

钳口

使用钳形表检测三相交流电动机中一根电源线的空载电流值。

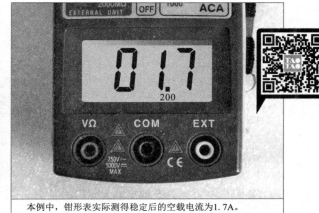

本例中，钳形表实际测得稳定后的空载电流为1.7A。

**8**

用钳形表的钳口钳住三相交流电动机三根电源线中的另外一根。

钳形表

钳口

使用钳形表检测三相交流电动机另外一根电源线的空载电流值。

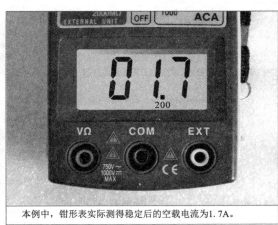

本例中，钳形表实际测得稳定后的空载电流为1.7A。

**9**

用钳形表的钳口钳住三相交流电动机三根电源线中的最后一根。

钳形表

钳口

使用钳形表检测三相交流电动机最后一根电源线的空载电流值。

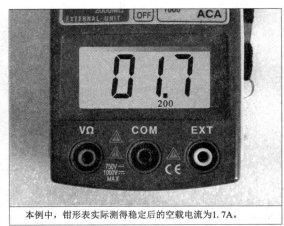

本例中，钳形表实际测得稳定后的空载电流为1.7A。

### 特别提醒

　　检测三相交流电动机的空载电流，是指在电动机未带任何负载的运行状态下，检测绕组中的运行电流。若测得的空载电流过大或三相空载电流不均衡度超过±10%，则说明电动机存在异常。一般情况下，空载电流过大的原因主要是电动机内部铁心不良、电动机转子与定子之间的间隙过大、电动机绕组的匝数过少和电动机绕组连接错误等。

检测交流电动机是否正常时，除了可以使用以上方法外，还可以测试电动机的实际转速并与铭牌上的额定转速比较，即可以判断出电动机是否存在超速或堵转现象。

检测时一般使用专用的转速表，正常情况下电动机实际转速应与额定转速很接近。若实际转速远远大于额定转速，则说明电动机处于超速运转状态（使用网络电源不会出现此种情况）；若远远小于额定转速，则表明电动机的负载过重或出现堵转故障。

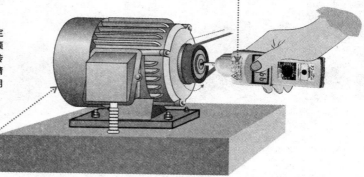

将转速表的测试头对准转轴的中心孔并顶住轴心，显示数据稳定后读取转速值。将电动机的实际转速与额定转速相比较。

给电动机通电后，使其处于运行状态，并开始检测。

对于没有铭牌的电动机，在进行转速检测时，应先确定其额定转速，通常可用指针万用表进行简单地判断。

首先将电动机各绕组之间的连接金属片取下，使各绕组之间保持绝缘，然后再将万用表的量程调至0.05mA档，将红、黑表笔分别接在某一绕组的两端，匀速转动电动机主轴1周，观测1周内万用表指针左右摆动的次数。当万用表指针摆动1次时，表明电流正负变化1个周期，为2极电动机；当万用表指针摆动2次时，则为4极电动机，依次类推，3次则为6极电动机，见下表。

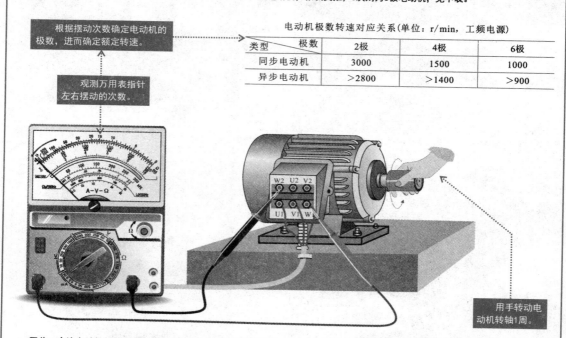

根据摆动次数确定电动机的极数，进而确定额定转速。

观测万用表指针左右摆动的次数。

电动机极数转速对应关系（单位：r/min，工频电源）

| 类型＼极数 | 2极 | 4极 | 6极 |
|---|---|---|---|
| 同步电动机 | 3000 | 1500 | 1000 |
| 异步电动机 | >2800 | >1400 | >900 |

用手转动电动机转轴1周。

至此，交流电动机的检测方法已经介绍完。通过以上检测过程可知，判断交流电动机的性能是否正常时，主要是对其内部绕组的电阻值、绕组相间的绝缘电阻值、绕组与外壳间的绝缘电阻值、空载电流以及转速等进行检测，通过综合检测，最终可以确定该交流电动机是否正常。

检测交流电动机的性能时还应及时对电动机进行必要的维护，通过维护也可以提前判断电动机是否正常：如观察其外部零件是否有松动、锈蚀现象，各连接引线是否有变色、烧焦的痕迹；听运行声音是否正常，若电动机出现较明显的电磁噪声、机械摩擦声或轴承晃动、振动等杂声时，应及时停止设备的运行，并进行检测。

还可以通过嗅觉和触觉检测电动机是否正常：如通过嗅觉可以排查是否有绕组烧焦的焦味、烟味；通过触觉可以触碰停机时电动机的外壳，检测外壳温度是否在正常范围内，若温度过高，则可能存在过载、散热不良、堵转、绕组短路、工作电压过高或过低以及内部摩擦严重等现象。

直流电动机是由直流电源（需区分电源的正负极）供给电能，并将电能转变为机械能的电动装置。其主要可分为有刷直流电动机和无刷直流电动机两种。

有刷直流电动机的内部主要由电刷、换向器、轴承、定子永磁体、转子绕组等部分构成。对该类电动机进行检修时，重点是对这些部件进行检测。

【直流有刷电动机主要部件的检测】

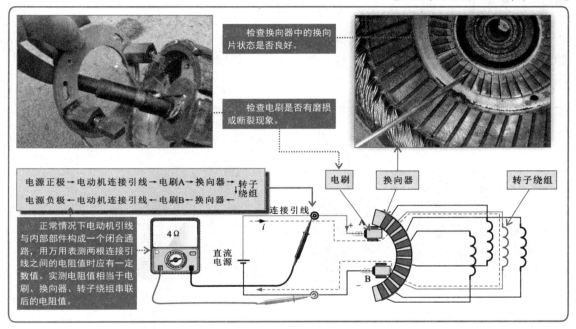

一般无刷直流电动机的定子绕组有三根引线，即黄色、红色、绿色三根较粗的引线，用于引入三相驱动信号。可通过检测这三根绕组引线两两绕组间的电阻值，来判断定子绕组有无短路或断路故障。

【直流无刷电动机绕组值的检测】

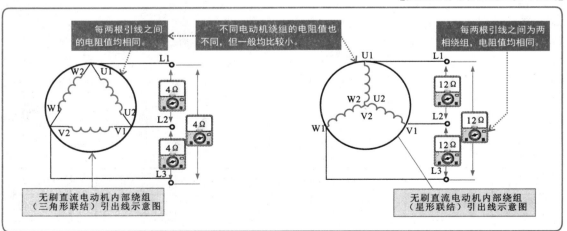

# 第7章

# 供配电系统的设计、安装和检验

## 7.1 供配电系统的设计

### ▶ 7.1.1 明确供配电系统的类型

供配电系统是指电力系统中从降压配电变电站（或高压配电变电站）出口到用户端的这一段线路及设备，主要用来传输和分配电能。其按所承载电压的高低可分为高压供配电系统和低压供配电系统两种。

【供配电系统的类型】

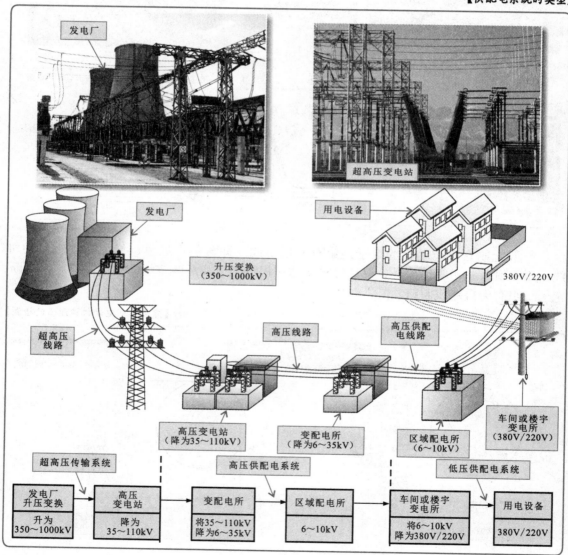

| 超高压传输系统 | | 高压供配电系统 | | 低压供配电系统 | |
|---|---|---|---|---|---|
| 发电厂升压变换 | 高压变电站 | 变配电所 | 区域配电所 | 车间或楼宇变电所 | 用电设备 |
| 升为 350~1000kV | 降为 35~110kV | 将35~110kV 降为6~35kV | 6~10kV | 将6~10kV 降为380V/220V | 380V/220V |

高压供配电系统多采用6～10kV的供电和配电线路及设备。其作用是将电力系统中35～110kV的供电电源电压下降为6～10kV的高压配电电压，并供给高压配电所、车间变电所和高压用电设备等。

【高压供配电系统图】

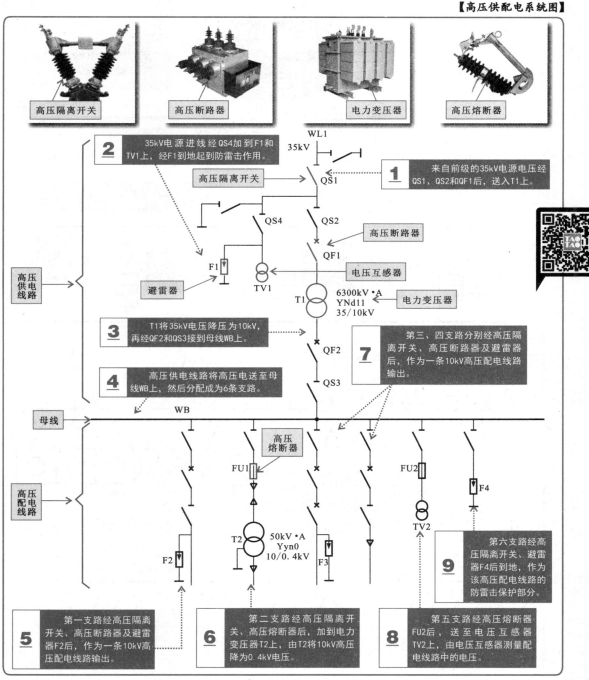

## 2. 低压供配电系统

低压供配电系统通常是由10 kV及以下的供配电线路和与之相连接的变压器组成的。其作用是将电力分配到各类用户中。

**【低压供配电系统图】**

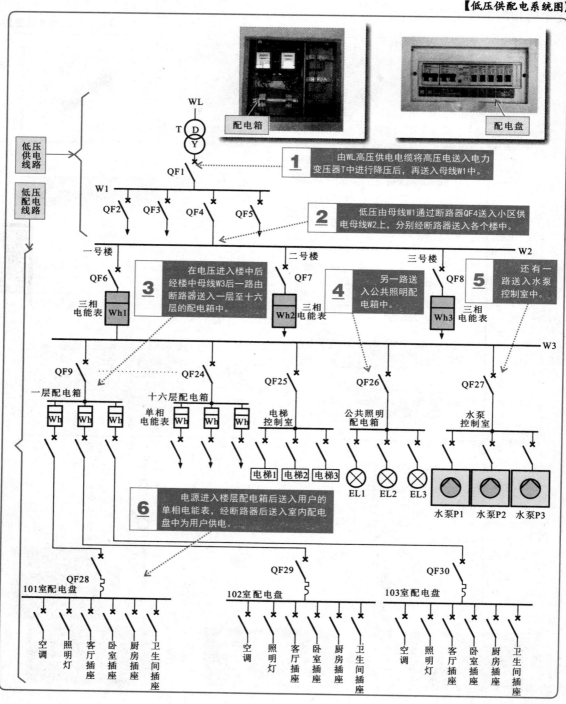

### 1. 高压供配电系统的接线方式

高压供配电系统的接线方式可分为放射式、干线式和环式三种。

【高压供配电系统的放射式连接图】

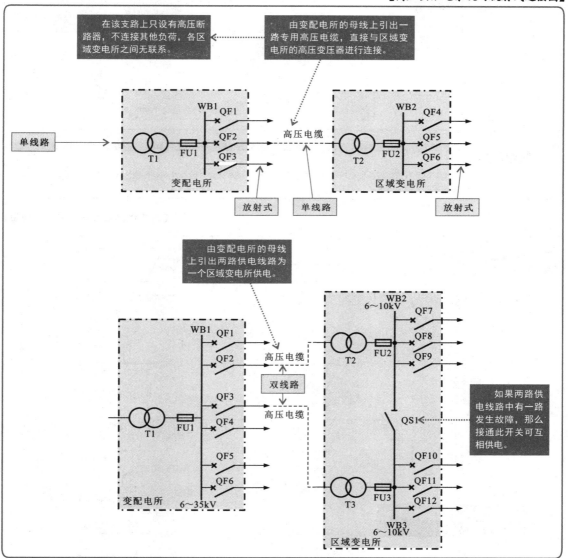

**特别提醒**

单线路放射式连接的高压供配电系统中的线路敷设简单、维护方便、供电可靠,但当高压供配电系统中发生故障时,无备用电缆可以应急使用;而双线路放射式连接方式同样拥有单线路放射式连接的优点,当某一路供电线路发生故障时,可以将高压隔离开关QS1接通,进行互相供电。

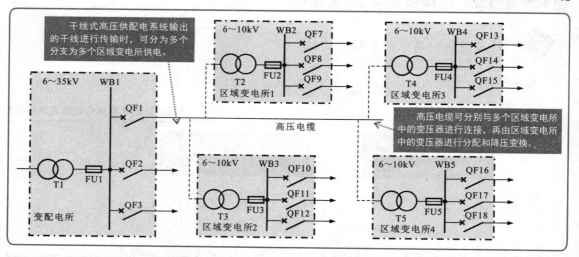

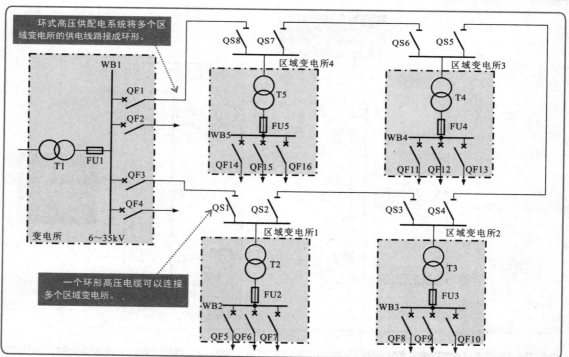

**特别提醒**

　　干线式连接的高压供配电系统可以减少变电所中变压器的数量，建设成本减少，但是其供电可靠性差，若干线高压电缆出现故障，则其所连接的区域变电所都会停电。

**特别提醒**

　　环式连接高压供配电系统运行灵活、供电可靠性高，当任意一端高压线路出现故障或区域变电所需要进行检修时，可以将该区域变电所连接的高压隔离开关断开，其余供配电系统仍可正常运行。

**2. 低压供配电系统的接线方式**

低压供配电系统的接线方式可分为单相式和三相式两种。

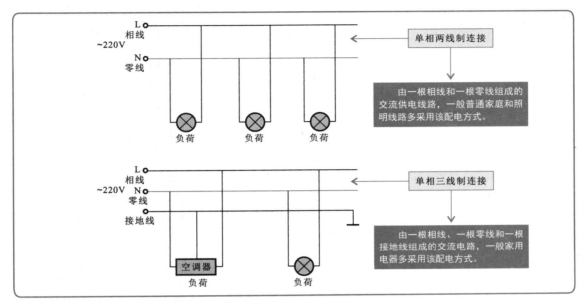

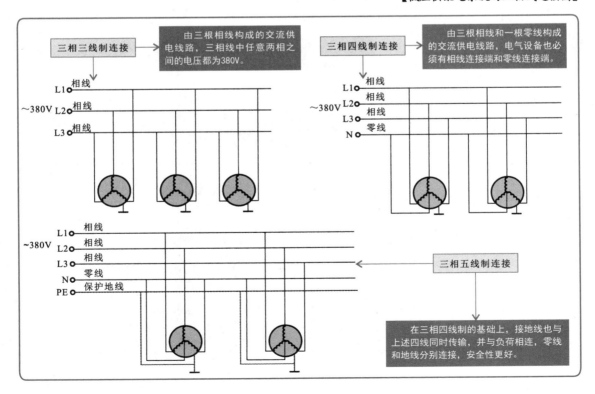

## 1. 供电电压等级

供配电系统的电压等级较多，不同的电压等级有不同的作用。从输电的角度来看，电压越高，则传输的电流越小，损耗就越小，输送的距离就会越远，但对绝缘水平的要求也就越高。

【电压等级与输送距离和传输容量的关系】

| 电压等级/kV | 输送距离/km | 传输容量/MV·A | 电压等级/kV | 输送距离/km | 传输容量/MV·A |
| --- | --- | --- | --- | --- | --- |
| 0.38 | <0.5 | <0.1 | 110 | 50～150 | 10～50 |
| 3 | 1～3 | 0.1～1 | 220 | 100～300 | 100～300 |
| 6 | 4～15 | 0.1～1.2 | 330 | 200～500 | 200～1000 |
| 10 | 6～20 | 0.2～2 | 500 | 400～1000 | 800～2000 |
| 35 | 20～50 | 2～10 | — | — | — |

## 2. 负荷等级

负荷等级是供电可靠性的衡量标准，即中断供电在社会上所造成的损失或造成影响的程度。负荷等级共分为三级。

【一级负荷等级的供配电系统电路图】

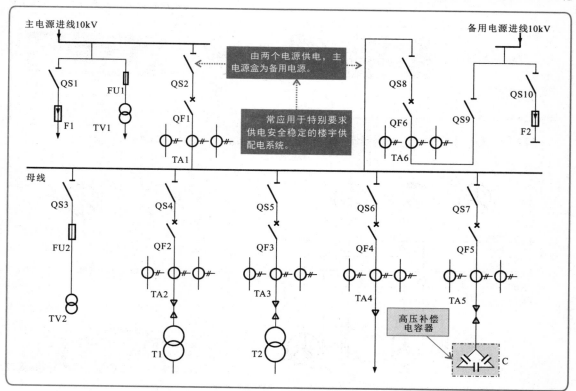

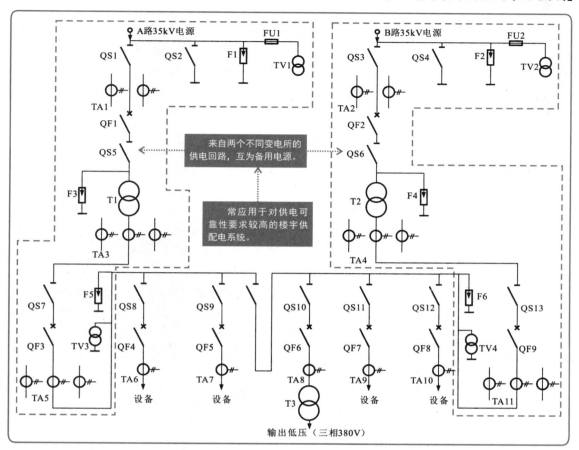

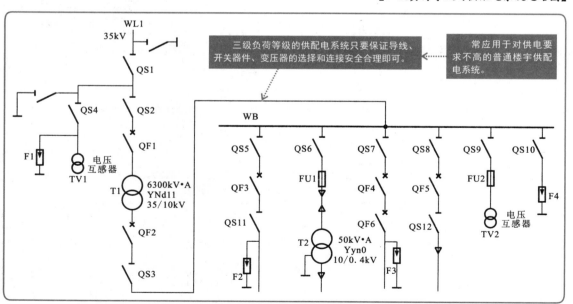

供配电系统规划方案的制订主要是根据总体设计方案对供配电系统的配电方式、系统用电负荷、接线方式、布线方式、供配电器材的选配和安装等具体工作进行细化，以便于指导电工操作人员施工作业。下面以楼宇供配电系统为例，进行具体介绍。

### 1. 选择配电方式

不同的楼宇结构和用电特性会导致配电方式有所差异，因此在对楼宇进行配电前，应先根据楼宇的结构和用电特性，选择适合该楼宇的配电方式。

**【多层建筑物结构的典型配电方式】**

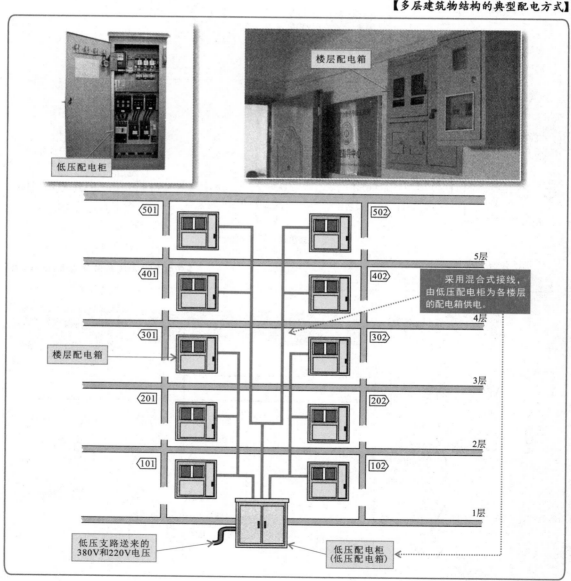

**【多单元住宅楼的典型配电方式】**

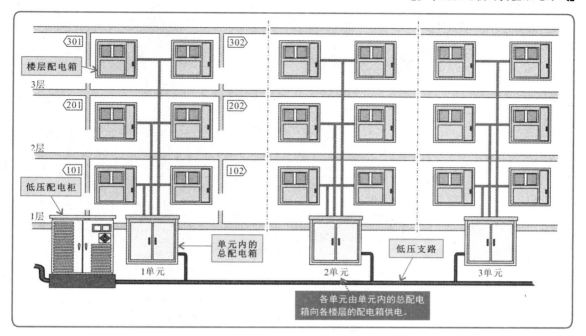

楼层配电箱

301　302

3层

201　202

2层

低压配电柜

101　102

1层

单元内的总配电箱

1单元　2单元　3单元

低压支路

各单元由单元内的总配电箱向各楼层的配电箱供电。

**【高层建筑物的典型配电方式】**

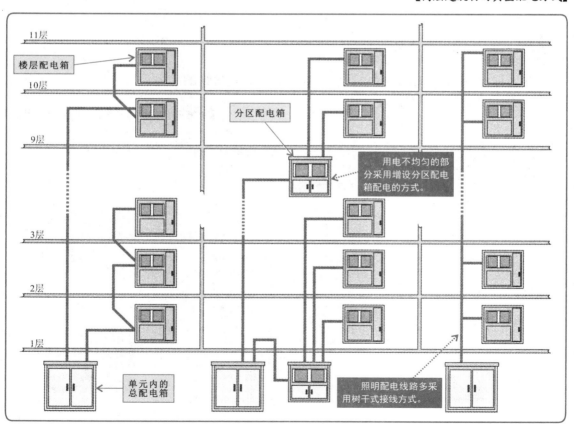

11层

楼层配电箱

10层

9层

分区配电箱

用电不均匀的部分采用增设分区配电箱配电的方式。

3层

2层

1层

单元内的总配电箱

照明配电线路多采用树干式接线方式。

在实际配电时，配电线路的连接方式主要分为放射式、树干式、混合式和链式四种。很少有单独使用基本接线方式的，大多根据实际需求综合运用各种连接方式。

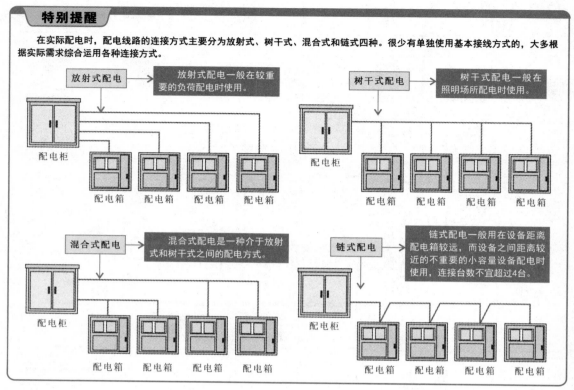

## 2. 系统用电负荷的计算

在对楼宇供配电系统进行设计规划时，需要对建筑物的用电负荷进行计算，以便选配适合的供配电器件和线缆。

**【楼宇供配电系统用电负荷的计算示意图】**

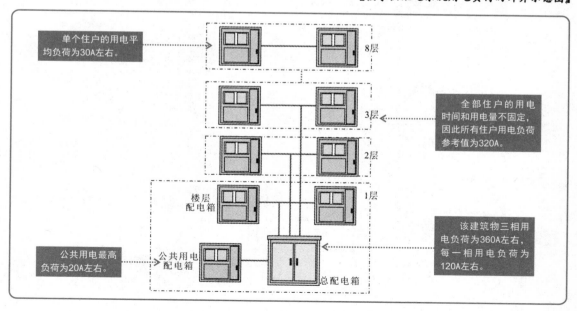

## 3. 接线方式的选择

不同结构的楼宇和用电特性，在接线方式上也会有所差异。对于上述多层建筑物来说，输入供电线缆应选用三相五线制，接地方式应采用TN-S系统，即整个供电系统的零线（N）与地线（PE）是分开的。

【楼宇供配电系统的接线方式】

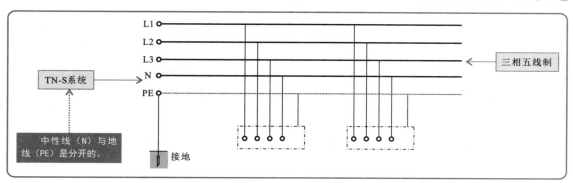

## 4. 制订布线方式

总配电箱引出的供电线缆（干线）应采用垂直穿顶的方式进行暗敷，在每层设置接线部位，用来与楼层配电箱进行连接；一楼部分除了楼层配电箱外，还要与公共用电部分进行连接。

【供配电系统的布线方式】

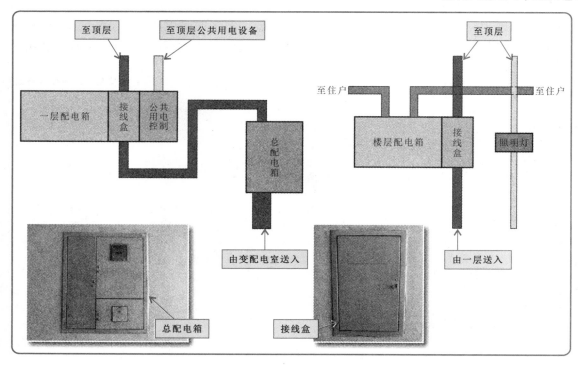

**5. 总配电箱的安装规划**

　　楼宇供配电系统内总配电箱通常采用嵌入式安装，放置在一楼的承重墙上，箱体距地面高度应不小于1.8 m。配电箱输出的入户线缆暗敷于墙壁内。

【总配电箱的安装规划】

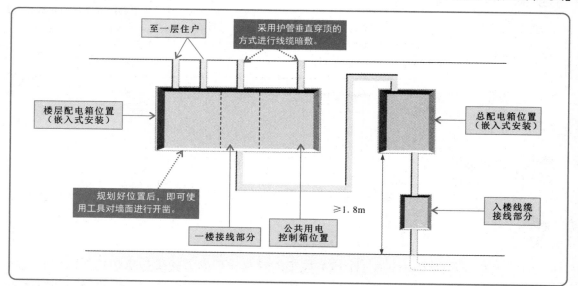

 **6. 楼层配电箱的安装规划**

　　楼层配电箱应靠近供电干线采用嵌入式安装，距地面高度不小于1.5 m。配电箱输出的入户线缆暗敷于墙壁内，取最近距离开槽、穿墙，由位于门左上角的穿墙孔引入室内，以便连接住户配电盘。

【楼层配电箱的安装规划】

**7. 配电盘的安装规划**

住户配电盘应放置于屋内进门处，方便入户线路的连接以及用户的使用。配电盘下沿距离地面1.9 m左右。

【配电盘的安装规划】

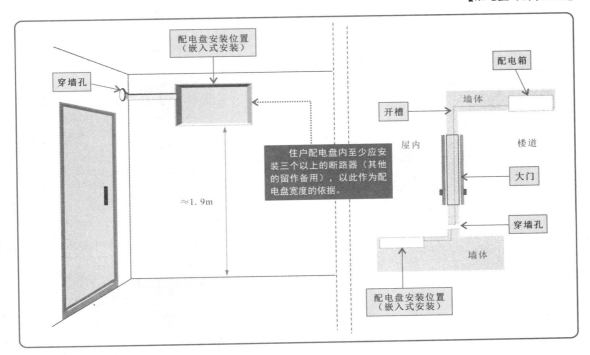

 **8. 供配电器件及线缆的选配**

楼宇供配电系统中的供配电器件主要有配电箱、配电盘、电能表、断路器以及供电线缆。在实际应用中，需要根据实际的用电量情况，并结合电能表、断路器以及供电线缆的主要参数进行选配。

【配电箱的选配】

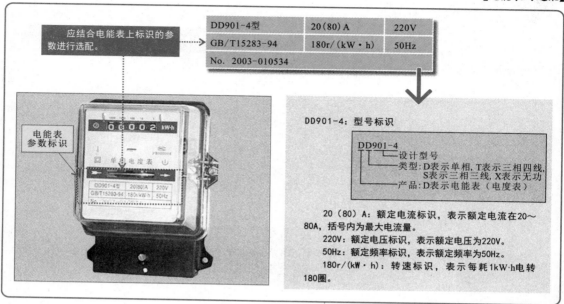

| DD901-4型 | 20（80）A | 220V |
| --- | --- | --- |
| GB/T15283-94 | 180r/（kW·h） | 50Hz |
| No. 2003-010534 | | |

应结合电能表上标识的参数进行选配。

电能表参数标识

DD901-4：型号标识

DD901-4
设计型号
类型：D表示单相, T表示三相四线, S表示三相三线, X表示无功
产品：D表示电能表（电度表）

20（80）A：额定电流标识，表示额定电流在20～80A，括号内为最大电流量。
220V：额定电压标识，表示额定电压为220V。
50Hz：额定频率标识，表示额定频率为50Hz。
180r/（kW·h）：转速标识，表示每耗1kW·h电转180圈。

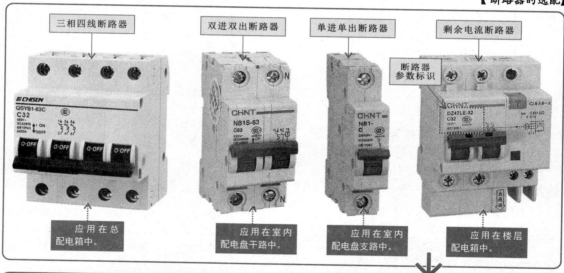

三相四线断路器

双进双出断路器

单进单出断路器

剩余电流断路器

断路器参数标识

应用在总配电箱中。

应用在室内配电盘干路中。

应用在室内配电盘支路中。

应用在楼层配电箱中。

**特别提醒**

　　选配的断路器应符合设计和用电量的要求。总断路器的额定电流应稍大于用电总电流，且必须小于电能表的最大额定电流。选配断路器时应结合断路器上标识的参数进行选配，如上图最右侧短路标识：
　　第一行DZ47LE-32：为型号标识（各字母含义具体如右图）。
　　第二行C32：应用场合及额定电流标识，C表示照明保护型（D表示动力保护型），32表示在规定条件下，断路器内脱扣器处所允许长期流过的工作电流为32A。
　　第三行230V：额定电压标识，表示额定电压为230V。

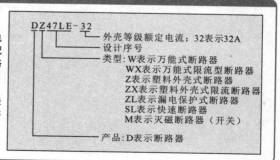

DZ47LE-32
外壳等级额定电流：32表示32A
设计序号
类型：W表示万能式断路器
　　　WX表示万能式限流型断路器
　　　Z表示塑料外壳式断路器
　　　ZX表示塑料外壳限流断路器
　　　ZL表示漏电保护式断路器
　　　SL表示快速断路器
　　　M表示灭磁断路器（开关）
产品：D表示断路器

**7.2.1 供配电系统的安装**

### 1. 楼道总配电箱的安装

在对楼道总配电箱的安装位置做好规划后，便可以动手安装了。

【楼道总配电箱的安装】

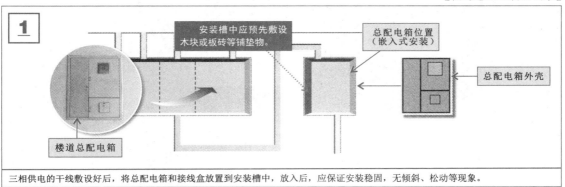

**1**

安装槽中应预先敷设木块或板砖等铺垫物。

总配电箱位置（嵌入式安装）

总配电箱外壳

楼道总配电箱

三相供电的干线敷设好后，将总配电箱和接线盒放置到安装槽中，放入后，应保证安装稳固，无倾斜、松动等现象。

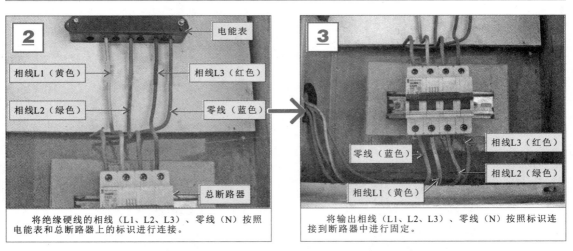

**2**

电能表

相线L1（黄色）

相线L2（绿色）

相线L3（红色）

零线（蓝色）

总断路器

将绝缘硬线的相线（L1、L2、L3）、零线（N）按照电能表和总断路器上的标识进行连接。

**3**

零线（蓝色）

相线L3（红色）

相线L2（绿色）

相线L1（黄色）

将输出相线（L1、L2、L3）、零线（N）按照标识连接到断路器中进行固定。

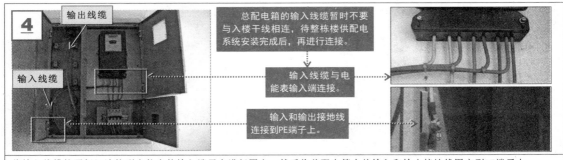

**4**

输出线缆

输入线缆

总配电箱的输入线缆暂时不要与楼干线相连，待整栋楼供配电系统安装完成后，再进行连接。

输入线缆与电能表输入端连接。

输入和输出接地线连接到PE端子上。

将输入线缆按照标识连接到电能表的输入端子上进行固定，然后将总配电箱中的输入和输出接地线固定到PE端子上。

## 2.楼层配电箱的安装

在对楼层配电箱的安装位置做好规划后，便可以动手安装了。下面以新增加配电箱为例介绍其安装方法。

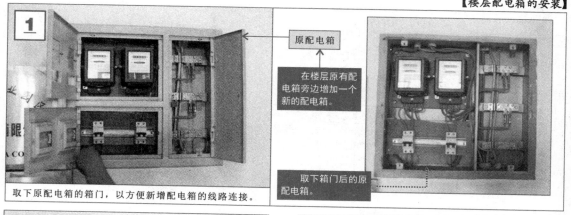

**1** 原配电箱

在楼层原有配电箱旁边增加一个新的配电箱。

取下箱门后的原配电箱。

取下原配电箱的箱门，以方便新增配电箱的线路连接。

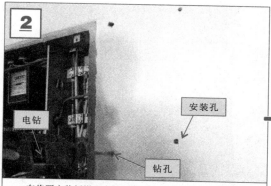

**2** 电钻

安装孔

钻孔

在将要安装新增配电箱的墙面上与配电箱安装孔对应的位置使用电钻钻4个安装孔。

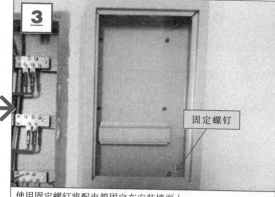

**3** 固定螺钉

使用固定螺钉将配电箱固定在安装墙面上。

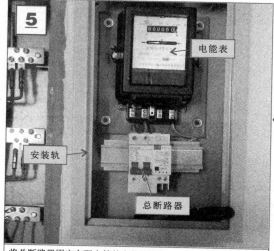

**5** 电能表

安装轨

总断路器

将总断路器固定在配电箱的安装轨上。

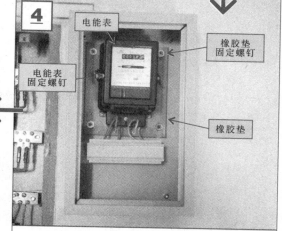

**4** 电能表

橡胶垫固定螺钉

电能表固定螺钉

橡胶垫

将电能表的橡胶垫固定到配电箱内，再将电能表固定到橡胶垫和配电箱外壳上，并进行接线。

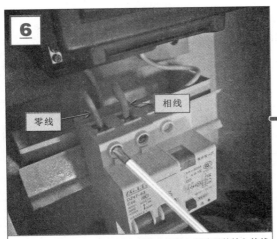

将电能表输出端的相线和零线分别插入断路器的输入接线端上，拧紧总断路器上的固定螺钉，固定导线。

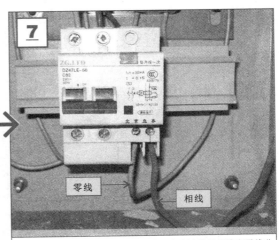

按断路器上的提示，将与室内配电盘连接的相线和零线分别连接到总断路器的相线和零线输出接线端，拧紧固定螺钉。

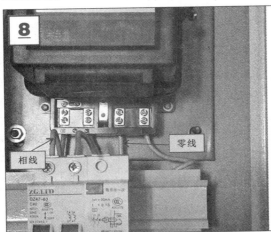

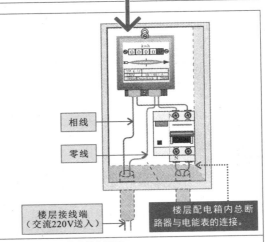

楼层接线端
（交流220V送入）

楼层配电箱内总断路器与电能表的连接。

将电能表与楼层接线端连接的相线和零线输入线分别接入电能表的相线和零线输出端，拧紧固定螺钉。

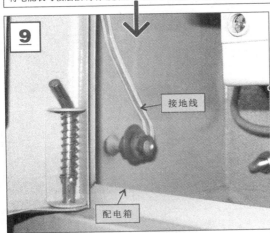

将楼层接线端送入的接地线固定在新增配电箱的外壳上。

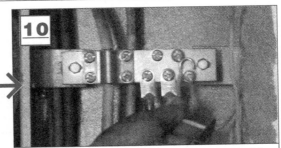

将电能表输入相线和零线与楼层相线和零线接线柱连接。新增配电箱的安装连接就完成了。

**特别提醒**

当连接配电箱与楼层接线柱时，应先连接地线和零线，再连接相线。连接时，不要碰触接线柱触片及导线裸露处。

**3.配电盘的安装**

在对配电盘的安装位置做好规划后，便可以动手安装了。

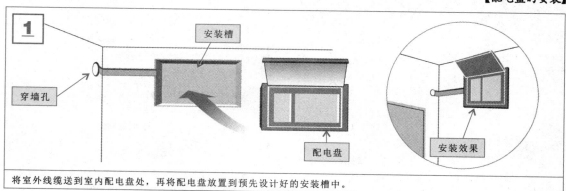

将室外线缆送到室内配电盘处，再将配电盘放置到预先设计好的安装槽中。

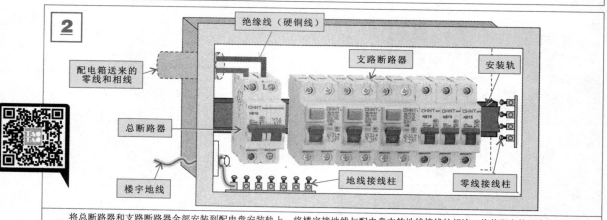

将总断路器和支路断路器全部安装到配电盘安装轨上，将楼宇接地线与配电盘中的地线接线柱相连，将从配电箱引来的相线和零线分别与配电盘中的总断路器连接。

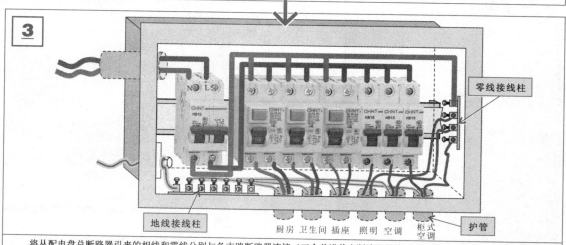

将从配电盘总断路器引来的相线和零线分别与各支路断路器连接（三个单进单出断路器零线可采用接线柱连接），将护管中不同支路的相线和零线分别与对应支路断路器的输出端连接，将零线分别连接到分配接线柱上。配电盘的安装连接就完成了。

在供配电系统安装完毕后，需要对安装质量进行检验，合格后才能交付使用。通常对楼宇配电系统进行验收时，先用相关检测仪表检查各路通断和绝缘情况，然后再进一步检查每一条供电支路运行参数，最后方可查看各支路的控制功能。

### 1. 检查线路的通断情况

使用电子试电笔对线路的通断情况进行检查：按下电子试电笔上的检测按键后，若电子试电笔显示屏显示出"闪电"符号，则说明线路中被测点有电压；若屏幕无显示，则说明线路存在断路故障。

【检查线路的通断情况】

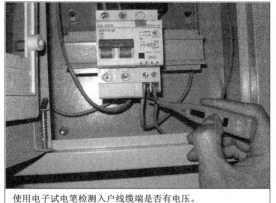

| 使用电子试电笔检测入户线缆端是否有电压。 | 使用电子试电笔检测入户各支路是否有电压。 |

### 2. 检查运行参数是否正常

供配电系统的运行参数只有在允许范围内，才能保证供配电系统长期正常运行。下面以楼宇配电箱为例，对其配电箱中流过的电流值进行检测。

【配电箱的测试】

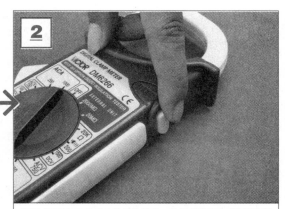

| 将钳形表的量程调至AC 200 A档。 | 保持"HOLD"按钮处于初始状态，以便于测量时操作该按钮。 |

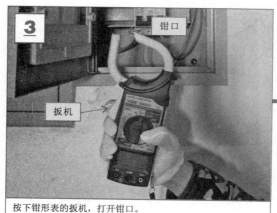

按下钳形表的扳机，打开钳口。

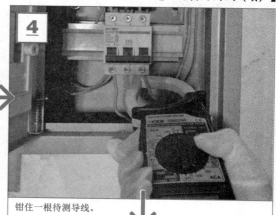

钳住一根待测导线。

配电箱中流过的电流为15A，符合要求，能够正常使用。

按下"HOLD"按钮进行数据保持。

 ### 3. 检查各支路控制功能是否正常

　　确认各供电支路的通断及绝缘情况无误，并且其线路运行参数测量均检测正常。便可进一步检查楼道照明灯、电梯以及室内照明设备的控制功能是否正常。若发现用电设备不能工作，则需要顺线路走向逐一核查线路中的电气部件。

查看楼道照明灯是否工作。

查看室内照明灯是否工作。

## 8.1 供配电系统的构成与故障分析

### 8.1.1 高压供配电系统的构成与故障分析

 **1. 高压供配电系统的构成**

高压供配电系统是由各种高压供配电器件和设备组合连接而成的，该系统中电气设备的接线方式和连接关系都可以利用电路图进行表示。在对高压供配电系统中的故障进行分析之前，应当先了解系统中主要器件和设备的连接关系。

【典型高压供配电系统电路图】

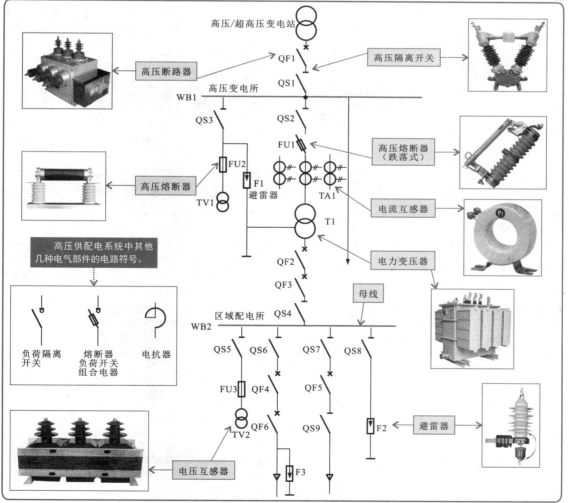

除了掌握高压供配电系统中主要部件的图形、文字符号含义以及连接关系外，还应了解各部件的功能特点。下面将分别对常见的高压电气设备进行介绍。

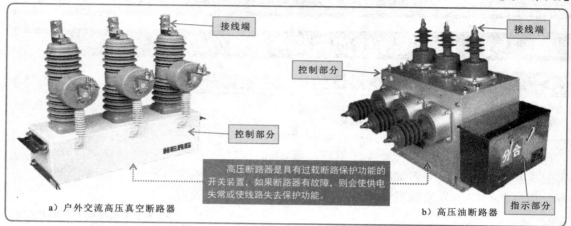

高压断路器是具有过载断路保护功能的开关装置，如果断路器有故障，则会使供电失常或使线路失去保护功能。

a）户外交流高压真空断路器

b）高压油断路器

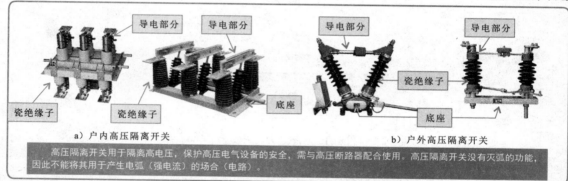

a）户内高压隔离开关

b）户外高压隔离开关

高压隔离开关用于隔离高电压，保护高压电气设备的安全，需与高压断路器配合使用。高压隔离开关没有灭弧的功能，因此不能将其用于产生电弧（强电流）的场合（电路）。

**特别提醒**

高压隔离开关发生故障时，无法保证将供电线路与输出端之间隔离，可能会导致输出电路带电，应注意防止可能发生的触电事故。

当系统中出现过电流的情况时，高压熔断器的熔体会熔断，断开电路，以确保线路及设备的安全。

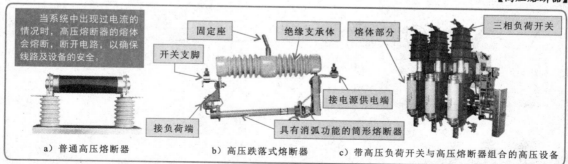

a）普通高压熔断器

b）高压跌落式熔断器

c）带高压负荷开关与高压熔断器组合的高压设备

**特别提醒**

高压熔断器发生故障时，会使线路在过电流的情况下失去断路保护作用，导致系统的线缆和电气设备发生损坏。

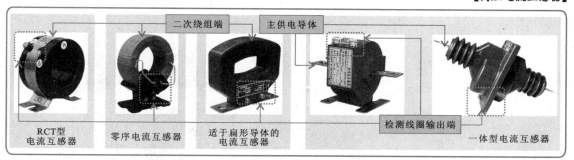

RCT型
电流互感器　　零序电流互感器　　适于扁形导体的
电流互感器　　　　　　一体型电流互感器

二次绕组端　　主供电导体

检测线圈输出端

**特别提醒**

高压电流互感器出现故障时，会导致电流检测和过电流保护功能失灵，甚至可能导致损坏电气部件的故障。

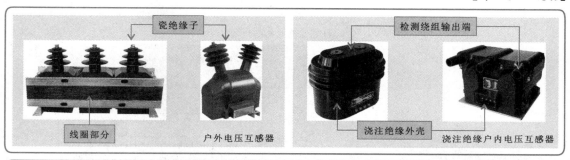

瓷绝缘子　　　　　　检测绕组输出端

线圈部分　　户外电压互感器　　浇注绝缘外壳　　浇注绝缘户内电压互感器

**特别提醒**

高压电压互感器发生故障时，可能导致监控或检测设备工作失常，也可能引起供电故障。

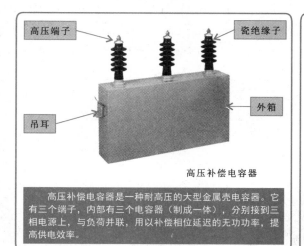

高压端子　　　　　　　瓷绝缘子

吊耳　　　　　　　　　外箱

高压补偿电容器

高压补偿电容器是一种耐高压的大型金属壳电容器。它有三个端子，内部有三个电容器（制成一体），分别接到三相电源上，与负荷并联，用以补偿相位延迟的无功功率，提高供电效率。

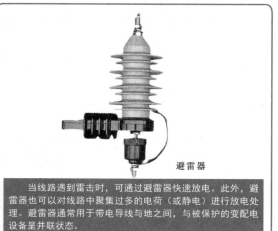

避雷器

当线路遇到雷击时，可通过避雷器快速放电。此外，避雷器也可以对线路中聚集过多的电荷（或静电）进行放电处理。避雷器通常用于带电导线与地之间，与被保护的变配电设备呈并联状态。

**特别提醒**

避雷器发生故障时，会使线路失去防雷功能，易受到雷击而损坏，此外也有可能导致系统供电失常。

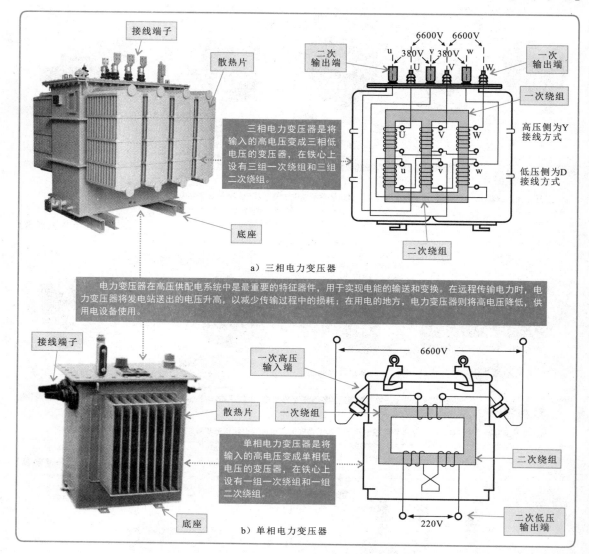

接线端子

散热片

6600V　6600V

二次输出端

u　380V　380V　w
U　V　W

一次输出端

一次绕组

高压侧为Y接线方式

低压侧为D接线方式

三相电力变压器是将输入的高电压变成三相低电压的变压器，在铁心上设有三组一次绕组和三组二次绕组。

底座

二次绕组

a）三相电力变压器

电力变压器在高压供配电系统中是最重要的特征器件，用于实现电能的输送和变换。在远程传输电力时，电力变压器将发电站送出的电压升高，以减少传输过程中的损耗；在用电的地方，电力变压器则将高电压降低，供用电设备使用。

接线端子

6600V

一次高压输入端

一次绕组

散热片

二次绕组

单相电力变压器是将输入的高电压变成单相低电压的变压器，在铁心上设有一组一次绕组和一组二次绕组。

底座

二次低压输出端

220V

b）单相电力变压器

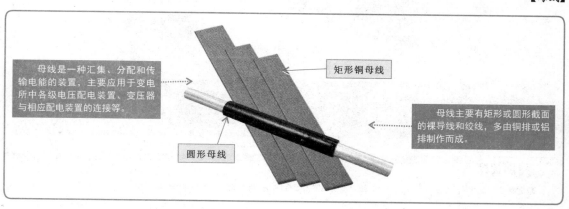

母线是一种汇集、分配和传输电能的装置，主要应用于变电所中各级电压配电装置、变压器与相应配电装置的连接等。

矩形铜母线

母线主要有矩形或圆形截面的裸导线和绞线，多由铜排或铝排制作而成。

圆形母线

当高压供配电系统出现故障时，需要先通过故障现象，对整个系统的线路进行分析，从而缩小故障范围，锁定故障的器件，并对其进行检修。以前面介绍的系统构成的电路图为例，当线路中发生故障时，应当从最末级向上查找故障，首先检查区域配电所中的设备和线路是否正常，然后按照供电电流的逆向流程检查高压变电所中的设备和线路。

**【典型高压供配电系统的故障分析】**

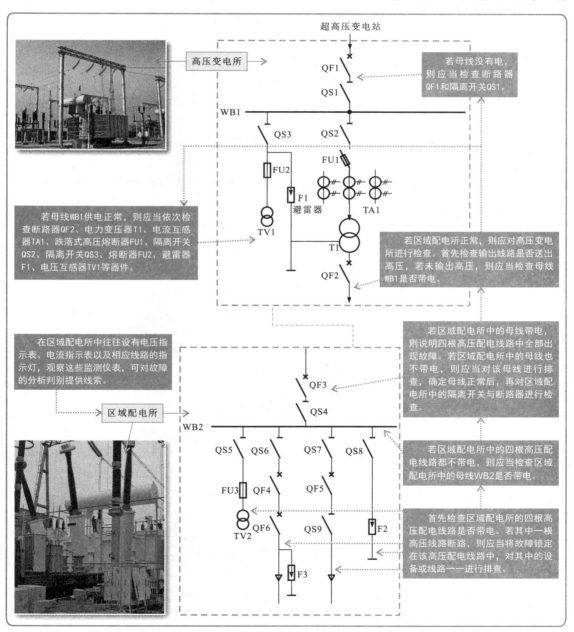

## 1. 低压供配电系统的构成

低压供配电线路主要是指对交流380V/220V低压进行传输和分配的线路，通常可直接作为各用电设备或用电场所的电源使用。在对低压供配电系统的故障进行分析之前，应当了解系统中的主要器件和设备连接关系。

【典型低压供配电系统电路图】

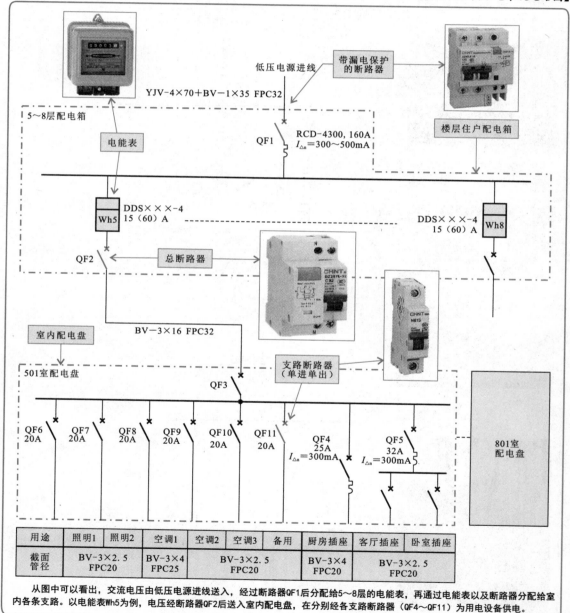

从图中可以看出，交流电压由低压电源进线送入，经过断路器QF1后分配给5～8层的电能表，再通过电能表以及断路器分配给室内各条支路。以电能表Wh5为例，电压经断路器QF2后送入室内配电盘，在分别经各支路断路器（QF4～QF11）为用电设备供电。

## 2. 低压供配电系统的故障分析

当低压供配电系统出现故障时，需要先通过故障现象，对整个系统的线路进行分析，从而缩小故障范围，锁定故障的器件，并对其进行检修。

下面以典型楼宇配电系统的电路图为例进行故障分析。当线路中发生故障时，应当从同级线路入手，根据同级线路的工作情况判断故障范围，然后再按照供电电压走向逐级排查故障。

【典型楼宇供配电系统的故障分析】

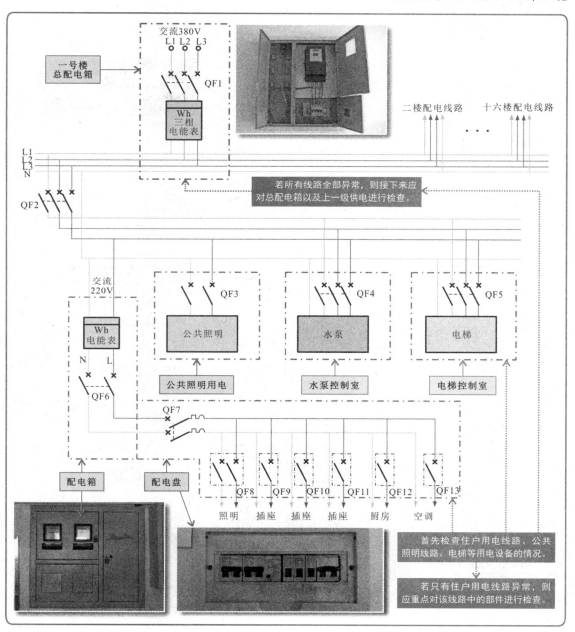

# 8.2 供配电系统的检修方法

## 8.2.1 高压供配电系统的检修方法

当高压供配电系统的某一配电支路中出现停电现象时，可以参考下面的检修流程，查找故障部位并检修。

【典型高压供配电线路的检修流程】

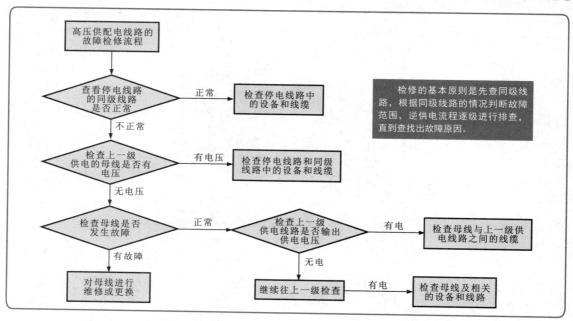

### 1. 检查同级高压线路

检查同级高压线路时，可以使用高压钳形表检测与该线路同级的高压线路是否有电流通过。

【检查同级高压线路】

将高压钳形表的钳头钳在同级线缆上，观察指示灯的显示情况，检测同级线缆上是否有电流。

供电线路故障的判别主要是借助设在配电柜面板上的电压表、电流表以及各种功能指示灯。若需判别是否有缺相的情况，也可通过继电器和保护器的动作来判断。当需要检测线路电流时，可使用高压钳形表。若高压钳形表上指示灯无反应，则说明该停电线路上无电流通过，应对该停电线路与母线连接端进行检查。

高压钳形表上指示灯无反应，说明该供电线缆上无电流通过。

停电线路的供电线缆

##  2. 检查母线

对母线进行检查时，必须使整个维修环境处在断路停电的条件下，并先清除母线上的杂物、锈蚀，然后再对母线及连接处进行检查。

**【检查母线】**

**1**

对母线进行检查

使用干布擦除母线外套绝缘管上的污渍。

使用毛刷和布料对母线外套绝缘管进行擦拭，并将绝缘管上的杂物清除，检查外套绝缘管上是否有破损现象。

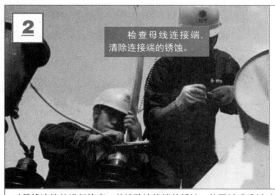

**2**

检查母线连接端，清除连接端的锈蚀。

检查母线连接螺栓，并用扳手进行紧固。

对母线连接处进行检查，并清除连接端的锈蚀，使用扳手重新对母线的连接螺栓进行紧固。

**3. 检查上一级供电线路**

当确定母线正常时，应对上一级供电线路进行检查。使用高压验电器检测上一级高压供电线路上是否有电，若上一级线路无供电电压，则应当检查该供电端上的母线。若该母线上的电压正常，则应当对该供电线路中的设备进行检查。

 **4. 检查高压熔断器**

在高压供配电线路的检修过程中，若供电线路正常，则可进一步检查线路中的高压电气部件。检查时，一般先从高压熔断器开始。

【检查高压熔断器】

检查高压线路中的高压熔断器

高压熔断器上有明显的爆炸裂痕

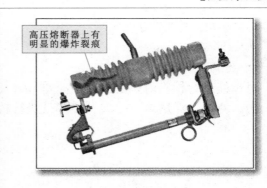

查看线路中的高压熔断器，发现有两个高压熔断器已熔断并自动脱落，在绝缘支架上还有明显的击穿现象。

使用扳手将高压熔断器两端的固定螺栓拧下，即可将高压熔断器取下。

如果高压熔断器支架出现故障，就需要对其进行更换。断开电路后，维修人员将损坏的高压熔断器支架拆下。

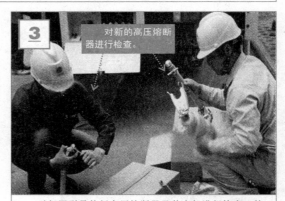

对新的高压熔断器进行检查。

对相同型号的新高压熔断器及其支架进行检查，然后将其安装到线路中。

**特别提醒**

在更换高压器件之前，应使用接地棒对高压线缆中原有的电荷进行释放，以免对维修人员造成人身伤害。

接地棒

接地棒

如果发现高压熔断器损坏，则说明该线路中发生过电流或雷击等意外情况。如果电流指示失常，还应对高压电流互感器等部件进行检查。

【检查高压电流互感器】

**1**

有黑色烧焦的痕迹，并有电流泄漏现象。

当线路中电流过大时，高压电流互感器不能进行保护，将导致高压熔断器熔断。

高压电流互感器

经检查发现高压电流互感器上带有黑色烧焦痕迹，并有电流泄漏现象，表明该器件损坏，失去了电流检测与保护作用。

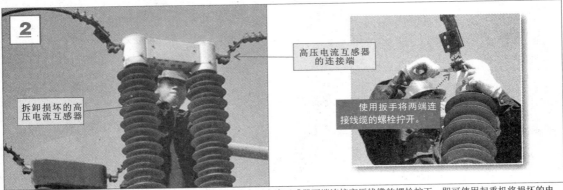

**2**

高压电流互感器的连接端

拆卸损坏的高压电流互感器

使用扳手将两端连接线缆的螺栓拧开。

拆卸损坏的高压电流互感器并进行代换。使用扳手将高压电流互感器两端连接高压线缆的螺栓拧下，即可使用起重机将损坏的电流互感器取下，然后将相同型号的新电流互感器重新安装即可。

**特别提醒**

高压电流互感器中可能存有剩余电荷，在对其进行拆卸前，应当使用接地棒（短路线）将其接地，使内部的电荷完全释放。

在对高压线路进行检修操作时，应当将电路中的高压断路器和高压隔离开关断开，并且放置安全警示牌，用于提示，防止其他人员合闸而导致伤亡事故。

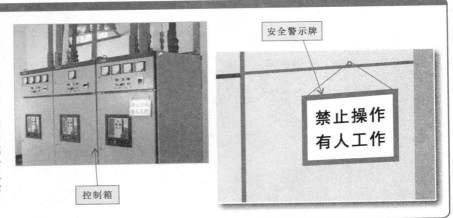

安全警示牌

禁止操作
有人工作

控制箱

**6.检查高压隔离开关**

若高压电流互感器正常，则应继续对相关的器件和线路进行检查，如检查高压隔离开关。

**【检查高压隔离开关】**

检查与高压电流互感器连接的高压隔离开关。

高压隔离开关上有黑色烧焦的痕迹并带有电弧。

将高压隔离开关上端的固定螺栓拧开。

经检查，高压隔离开关出现黑色烧焦痕迹，并且运行中带有电弧，说明该高压隔离开关已损坏。

使用扳手拧下高压隔离开关底部的固定螺栓。

使用扳手将高压隔离开关连接的线缆拆开。

拧下螺栓后，可使用起重机将高压隔离开关吊起，更换相同型号的高压隔离开关。

**特别提醒**

在对高压供配电系统进行检修时，有时可发现故障常常是由于线路中的避雷器损坏而引起的，也有可能是由于电线杆上的连接绝缘子损坏而引起的，因此应做好定期维护和检查，保证设备正常运行。

定期清洁连接绝缘子。

检查避雷器

当低压供配电系统的某一配电支路中出现停电现象时，可以参考下面的检修流程查找故障部位并检修。

**【典型低压供配电线路的检修流程】**

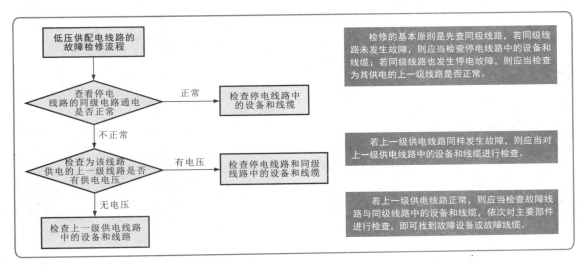

**1. 检查同级低压线路**

若住户用电线路发生故障，则应先检查同级低压线路，如查看楼道照明线路和电梯供电线路是否正常。

**【检查同级低压线路】**

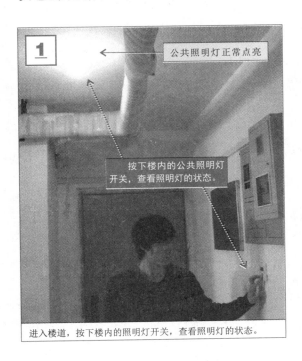

进入楼道，按下楼内的照明灯开关，查看照明灯的状态。

查看电梯是否正常运行。

**2. 检查电能表的输出**

若发现楼内照明灯可正常点亮，并且电梯也可以正常运行，则说明用户的供配电线路有故障，应当使用钳形表检查该用户配电箱中的线路是否有电流通过。通过观察电能表是否正常运转，也可判别故障。

【检查电能表的输出】

"AC 200A" 电流档

将钳形表的档位调整至AC 200A电流档，准备对线路中的电流进行检测。

钳形表可测量出一定的电流值。

按下钳形表的钳头扳机，使钳头钳住经电能表输出的任意一根线缆，查看钳形表上是否有电流读数。

**特别提醒**

当低压供配电系统中的用户线路出现停电现象时，应该考虑该用户的电能表存电是否耗尽，所以在对配电盘中的电流进行检测前，应当检查电能表中的剩余电量。将用户的购电卡插入电能表的卡槽中，在显示屏上即会显示剩余电量。

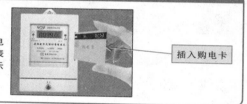

插入购电卡

 **3. 检查配电箱的输出**

若电能表有电流通过，则说明该用户的电能表正常，接下来应继续使用钳形表检查配电箱中的断路器是否有电流输出。

【检查配电箱的输出】

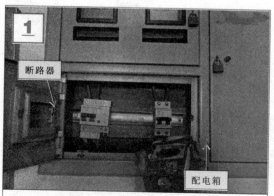

断路器

配电箱

按下钳形表的扳机，使钳形表钳头钳住经断路器引出的任意一条输出线路。

钳形表上有电流显示。

**05.2**

VΩ    COM    EXT

此时查看钳形表上是否有电流读数。经检测，发现通过该断路器的电流量正常。

## 4.检查总断路器

当用户配电箱输出的供电电压正常时，应当继续检查配电盘中的总断路器，可以使用电子试电笔进行检查。

【检查总断路器】

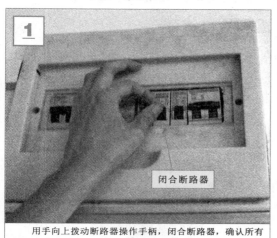

用手向上拨动断路器操作手柄，闭合断路器，确认所有的断路器都处于闭合状态。

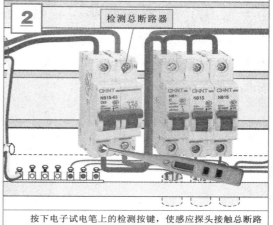

按下电子试电笔上的检测按键，使感应探头接触总断路器输出端子，试电笔的指示灯和显示屏都没有显示，说明总断路器处无电压。

## 5.检查进入配电盘的线路

当配电盘内的总断路器无电压时，可使用电子试电笔检测进入配电盘的供电线路是否正常。

【检查进入配电盘的线路】

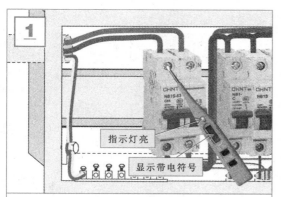

按下电子试电笔上的检测按键，使感应探头接触总断路器的输入端子，查看试电笔的指示灯及显示屏，发现显示屏上显示带电符号并且指示灯点亮，说明该供电线路正常。

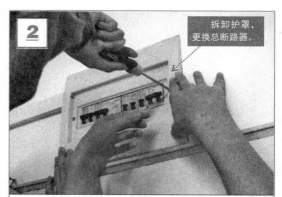

供电线路正常，说明总断路器可能存在故障，接下来可将配电盘护罩取下，断开供电线路，对损坏的总断路器进行拆卸代换。

### 特别提醒

经过检测发现配电盘的供电线路正常，但是总断路器处无电压，说明其发生故障，进行更换即可排除该低压供配电系统中的故障。

##  9.1 照明控制系统的构成与检修

### ▶ 9.1.1 室内照明控制系统的构成和检修流程

室内照明控制系统是指在室内光线不足的情况下用来创造明亮环境的照明线路。室内照明控制系统主要是由导线、控制开关以及照明灯具等构成的。由于照明灯具不同，因此其所对应的照明灯控制器也有所不同。室内照明控制系统包括楼道照明控制系统和屋内照明控制系统。

【室内照明控制系统】

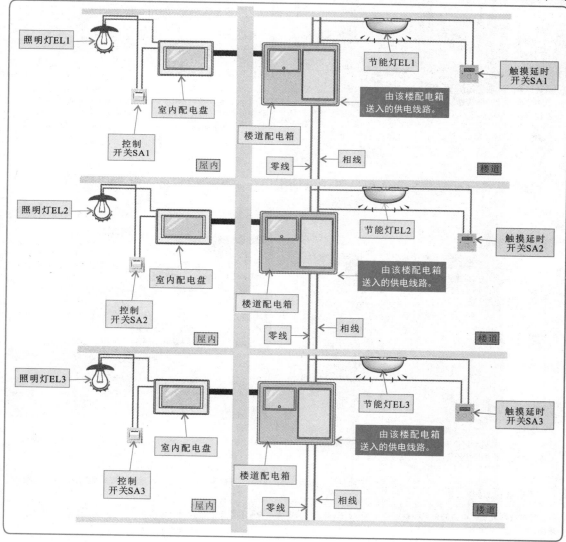

室内照明控制系统依靠开关、电子元器件等控制部件来控制照明灯具，一般采用单控开关、双控开关来控制照明灯具的点亮和熄灭。在对室内照明系统中的故障进行分析之前，应当先了解控制系统中的主要器件和设备的连接关系。

**【常用室内照明控制系统】**

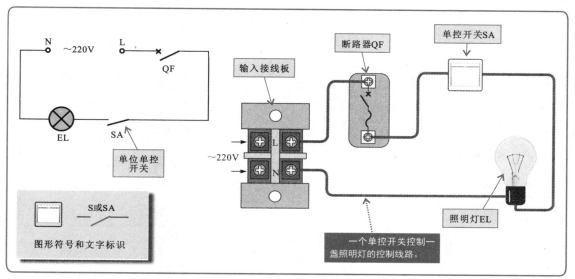

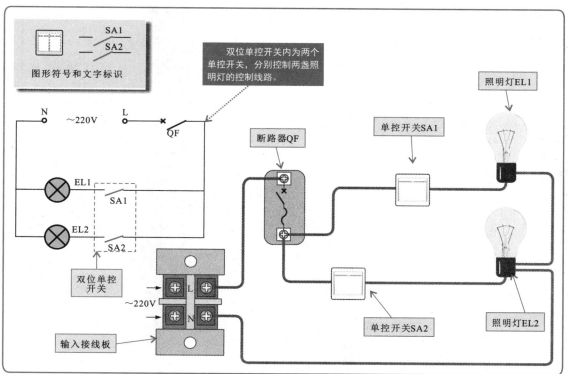

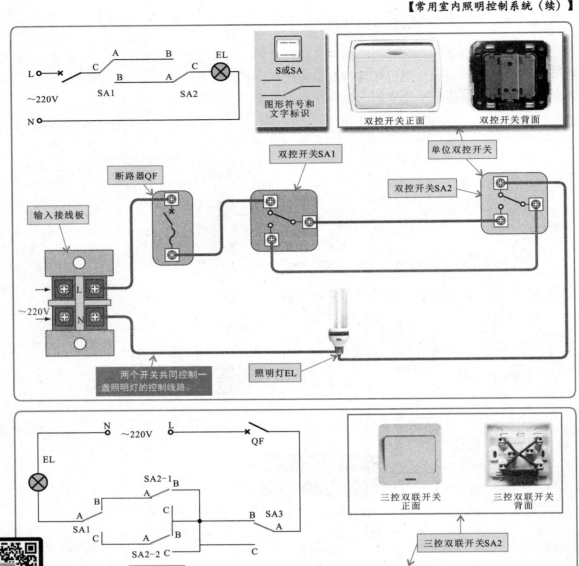

S或SA

图形符号和
文字标识

双控开关正面

双控开关背面

单位双控开关

双控开关SA1

双控开关SA2

断路器QF

输入接线板

~220V

两个开关共同控制一
盏照明灯的控制线路。

照明灯EL

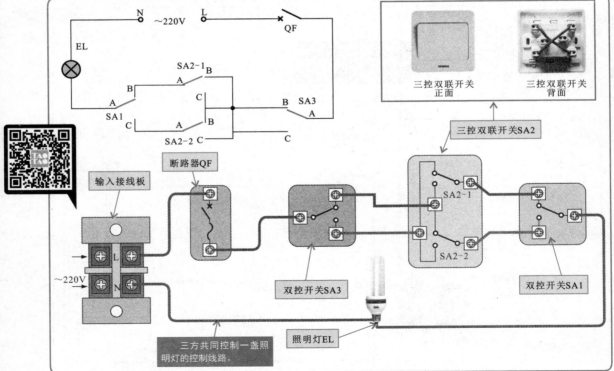

三控双联开关
正面

三控双联开关
背面

三控双联开关SA2

SA2-1

SA2-2

双控开关SA3

双控开关SA1

断路器QF

输入接线板

~220V

三方共同控制一盏照
明灯的控制线路。

照明灯EL

当室内照明控制系统出现故障时，需要通过故障现象对整个控制系统的线路进行分析，从而缩小故障范围，锁定故障的器件，并对其进行检修。

检修时，应根据照明控制方式和线路连接关系，做好故障分析。

**【典型屋内照明控制系统的故障分析】**

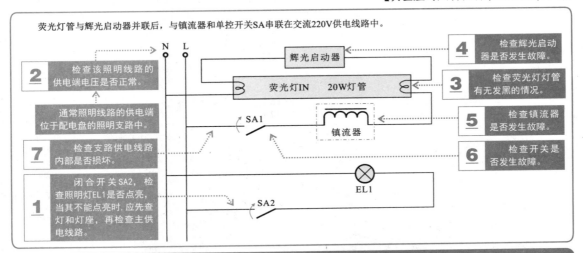

**特别提醒**

检修时应当先检查同一通电线路中的其他照明灯，若其他照明灯都不亮，则应当检查照明线路的供电端。当同一支路上的其他照明灯正常时，应当检查该支路供电电压，若供电异常，需先排查供电线路；若供电正常，则需对开关、照明灯及照明支路的连接状态进行逐一检查。

**【典型楼道内照明控制系统的故障分析】**

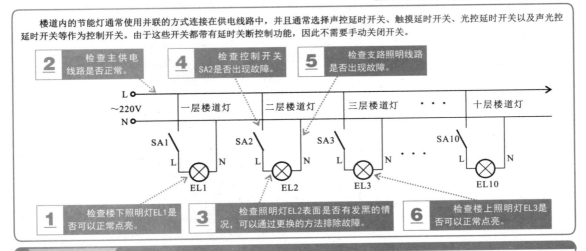

**特别提醒**

当楼道中节能灯EL2照明线路出现故障时，应当检查其他楼层的节能灯是否可以正常点亮。当其他楼层的节能灯都无法点亮时，应当检查主供电线路。若其他楼层的节能灯可以点亮，则应当检查照明灯EL2是否正常。若照明灯EL2正常，则应当检查控制开关。若控制开关正常，则应检查支路照明线路是否有故障。

室外照明控制线路是指在公共场所自然光线不足的情况下用来创造明亮环境的照明控制线路。常见的室外照明控制线路包括景观照明线路、小区照明线路、公路照明线路以及信号灯控制线路等。与室内照明控制线路不同的是，室外照明控制线路的照明灯具数量通常较多，且大多具有自动控制的特点。

【室外照明控制系统】

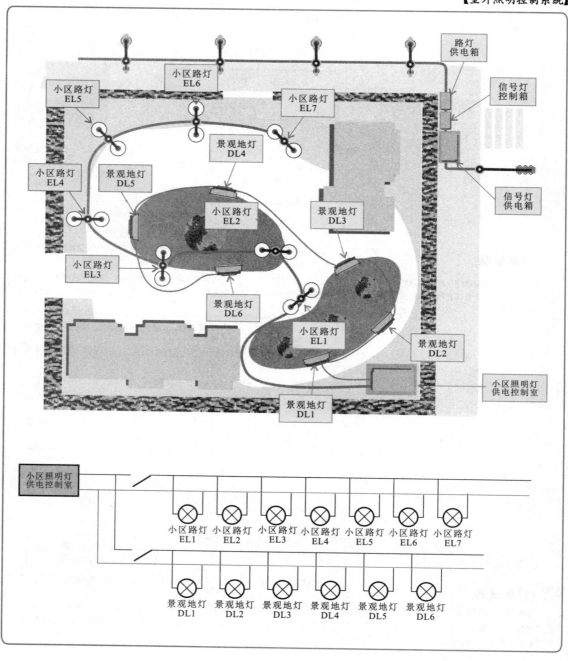

室外照明控制系统与室内照明控制系统类似，也是通过控制照明用电线路的通断来对照明灯具进行点亮或熄灭控制的。所不同的是，室外照明控制系统的控制部件多采用电子元器件或电气控制部件组成较为简单的控制线路，其控制方式主要有人工控制和自动控制两种。另外，室外照明线路中的照明灯具也与室内照明线路中的有所区别。在对室外照明控制系统中的故障进行分析之前，应当先了解控制系统中主要器件和设备的连接关系。

【常用室外照明控制系统】

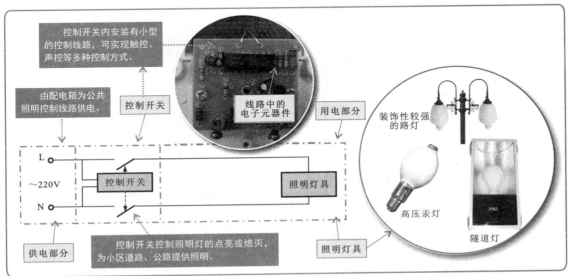

控制开关内安装有小型的控制线路，可实现触控、声控等多种控制方式。

由配电箱为公共照明控制线路供电。

控制开关

线路中的电子元器件

用电部分

装饰性较强的路灯

高压汞灯

隧道灯

L

~220V

控制开关

照明灯具

N

供电部分

控制开关控制照明灯的点亮或熄灭，为小区道路、公路提供照明。

照明灯具

【常用室外照明控制系统的典型应用】

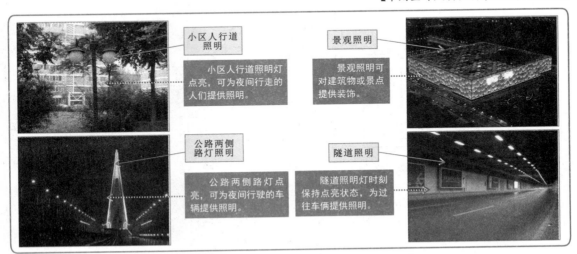

小区人行道照明

　　小区人行道照明灯点亮，可为夜间行走的人们提供照明。

景观照明

　　景观照明可对建筑物或景点提供装饰。

公路两侧路灯照明

　　公路两侧路灯点亮，可为夜间行驶的车辆提供照明。

隧道照明

　　隧道照明灯时刻保持点亮状态，为过往车俩提供照明。

**特别提醒**

　　随着技术的发展和人们生活需求的不断提升，公共照明控制线路所能实现的功能多种多样，几乎在社会生产、生活的各个角落都可以找到公共照明控制线路的应用。

## 2. 室外照明控制系统的故障分析

当室外照明控制系统出现故障时，需要先通过故障现象，对整个控制系统的线路进行分析，从而缩小故障范围，锁定故障的器件，并对其进行检修。在对室外照明控制系统进行检修前，应当了解该室外照明系统线路的控制方式，根据小区照明线路、公路照明线路不同的控制特征，分析各个控制系统的检修方式，以便于对该照明控制电路进行检修。

**【公路照明控制系统的故障分析】**

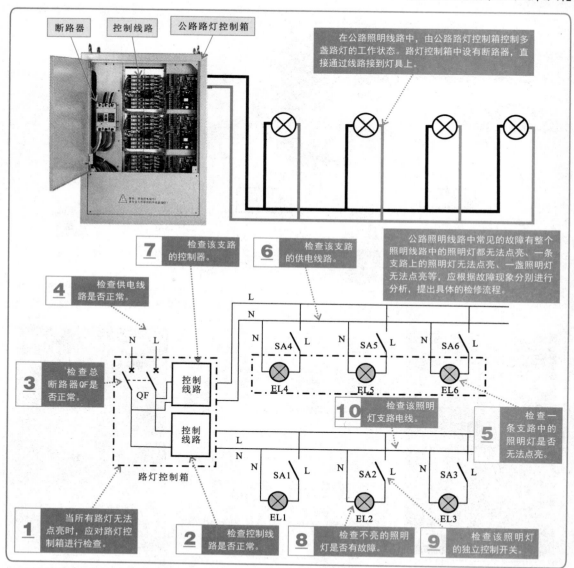

在公路照明线路中，由公路路灯控制箱控制多盏路灯的工作状态。路灯控制箱中设有断路器，直接通过线路接到灯具上。

公路照明线路中常见的故障有整个照明线路中的照明灯都无法点亮、一条支路上的照明灯无法点亮、一盏照明灯无法点亮等，应根据故障现象分别进行分析，提出具体的检修流程。

断路器　控制线路　公路路灯控制箱

**7** 检查该支路的控制器。

**6** 检查该支路的供电线路。

**4** 检查供电线路是否正常。

**3** 检查总断路器QF是否正常。

**10** 检查该照明灯支路电线。

**5** 检查一条支路中的照明灯是否无法点亮。

**1** 当所有路灯无法点亮时，应对路灯控制箱进行检查。

**2** 检查控制线路是否正常。

**8** 检查不亮的照明灯是否有故障。

**9** 检查该照明灯的独立控制开关。

路灯控制箱

### 特别提醒

当公路路灯出现白天点亮、黑夜熄灭的故障时，应当查看该路灯的控制方式。若其控制方式为控制器自动控制，则控制器的设置可能出现故障；若其控制方式为人为控制，则故障可能由控制室操作失误导致。

小区照明线路中多用一个控制器控制多盏照明路灯。该电路可分为供电线路、触发及控制线路和照明路灯三个部分。

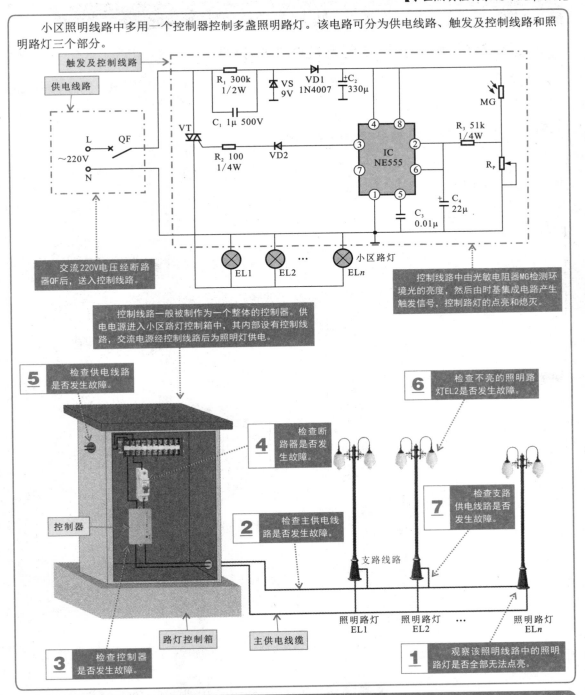

触发及控制线路

供电线路

R₁ 300k 1/2W
VS 9V
VD1 1N4007
C₂ 330μ
MG

VT
C₁ 1μ 500V

L QF
~220V
N

R₂ 100 1/4W
VD2

IC NE555

R₃ 51k 1/4W
R_P

C₃ 0.01μ
C₄ 22μ

EL1 EL2 … ELn 小区路灯

交流220V电压经断路器QF后，送入控制线路。

控制线路中由光敏电阻器MG检测环境光的亮度，然后由时基集成电路产生触发信号，控制路灯的点亮和熄灭。

控制线路一般被制作为一个整体的控制器。供电电源进入小区路灯控制箱中，其内部设有控制线路，交流电源经控制线路后为照明灯供电。

**5** 检查供电线路是否发生故障。

**6** 检查不亮的照明路灯EL2是否发生故障。

**4** 检查断路器是否发生故障。

控制器

**2** 检查主供电线路是否发生故障。

**7** 检查支路供电线路是否发生故障。

支路线路

路灯控制箱

主供电线缆

照明路灯 EL1
照明路灯 EL2 …
照明路灯 ELn

**3** 检查控制器是否发生故障。

**1** 观察该照明线路中的照明路灯是否全部无法点亮。

**特别提醒**

首先应当检查小区照明线路中照明路灯是否全部无法点亮，若全部无法点亮，则应当检查主供电线路是否存在故障。当主供电线路正常时，应当查看路灯控制器是否存在故障，若路灯控制器正常，则应当检查断路器是否正常。当路灯控制器和断路器都正常时，应检查供电线路是否存在故障。若照明支路中的一盏照明路灯无法点亮，则应当查看该照明路灯是否存在故障。若照明路灯正常，则检查支路供电线路是否正常。若支路供电线路存在故障，则应当对其进行更换。

### 9.2.1 室内照明控制系统的检修方法

当室内照明控制系统的支路线路中出现停电现象时，可以根据室内照明控制系统的检修流程查找故障部位并检修。

 **1. 屋内照明控制系统的检修方法**

当屋内照明线路出现故障时，应先了解该照明线路的控制方式，然后根据该线路的控制方式，按照检修流程进行检修。

【屋内照明控制系统】

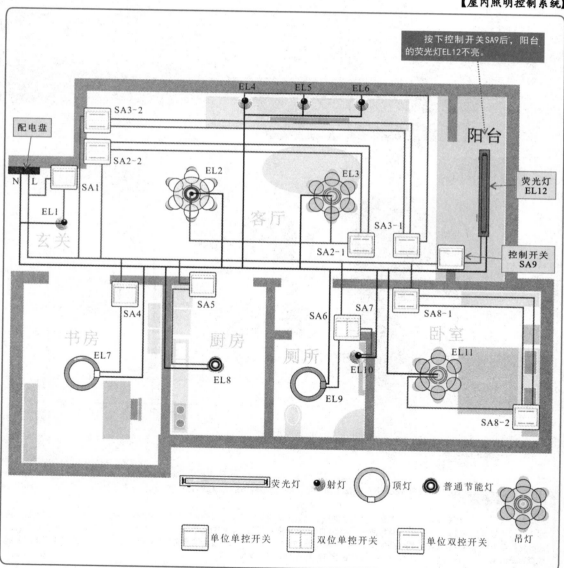

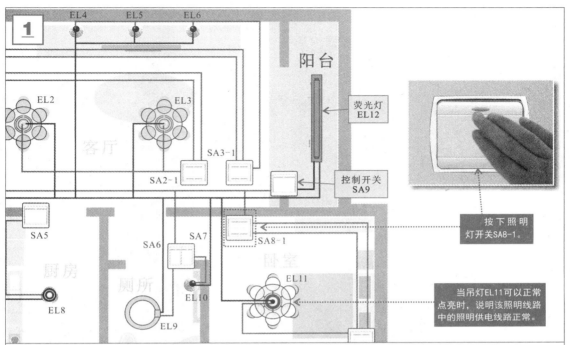

当荧光灯EL12不亮时，首先应当检查与荧光灯EL12使用同一供电线缆的其他照明灯是否可以正常点亮，按下照明灯开关SA8-1，检查其控制的吊灯EL11是否可以正常点亮。当吊灯EL11可以正常点亮时，说明该照明线路中的照明供电线路正常。

当照明供电线路正常时，应查看该荧光灯是否发黑，若其表面大面积变黑，则说明荧光灯本身可能损坏。需使用同规格型号的荧光灯管进行替换，替换时注意不可用手触碰荧光灯管两侧的金属部分，以免发生触电事故。

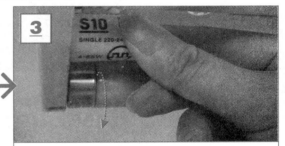

当荧光灯正常时，应当对辉光启动器进行检查。维修人员握住辉光启动器后需对其进行旋转，方可将其取下，然后进行更换。若荧光灯依然无法点亮，则说明故障不是由辉光启动器引起的。

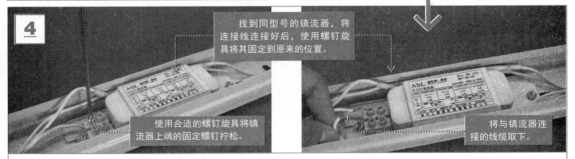

当辉光启动器正常时，应当对照明线路中的镇流器进行检查，检查时可通过替换的方法排除镇流器的故障。换接一个相同型号且性能良好的镇流器后，打开开关，若荧光灯正常点亮，则说明故障排除；否则说明故障不是由镇流器引起的。

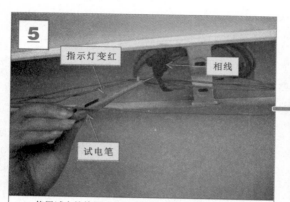

**5**

指示灯变红

相线

试电笔

使用试电笔检测该荧光灯供电线路中是否带电。若试电笔的指示灯不亮，则说明该段照明线路中出现故障，应当对该段线路进行更换。

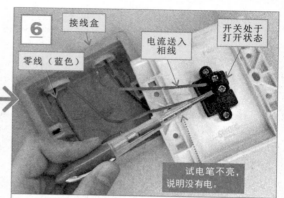

**6**

接线盒

零线（蓝色）

电流送入相线

开关处于打开状态

试电笔不亮，说明没有电

使用试电笔检测单控开关回路。首先应将单控开关打开，然后将试电笔插入回路的相线孔中，若无电压，则证明相线回路有故障。

**7**

如果怀疑开关不良，可以将其拆卸下来用万用表检测。

将万用表的量程设置在"蜂鸣"档。

将万用表的红、黑表笔分别搭在单控开关的两个触点上。

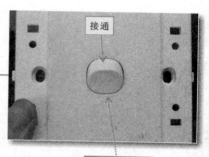

接通

将开关拨至接通状态。

单控开关断开，触点间阻抗为无穷大。

保持万用表的量程不变。

保持万用表的两只表笔不动。

断开

将开关拨至断开状态。

检查单控开关时，可以将单控开关从墙上卸下，使用万用表对其通、断情况进行检测。当单控开关处于接通状态时，检测到的电阻值应当为"零"；当单控开关处于断开状态时，检测到的电阻值应为"无穷大"。若实际检测到的数值有差异，则说明该单控开关内的触点出现故障。

## 2. 楼道照明控制系统的检修方法

当楼道照明线路中出现故障时，应查看照明控制方式。由楼道配电箱中引出的相线连接触摸延时开关SA，再经触摸延时开关SA连接至节能灯EL的灯口上，零线由楼道配电箱送出后连接至节能灯EL灯口。当节能灯EL不亮，应根据检修流程进行检查。

【楼道照明控制系统】

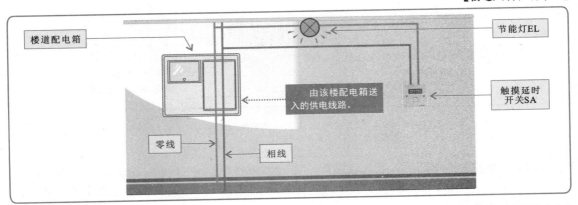

【楼道照明控制系统的检修方法】

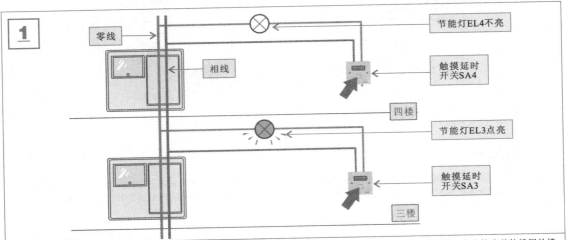

当按下触摸延时开关SA4时，节能灯EL4不亮，应当按照楼道节能灯控制系统的检修流程对其进行检修。首先检查其他楼层的楼道照明灯，若其他楼层的楼道照明灯可以正常供电，则说明该楼公共照明的供电线路正常。

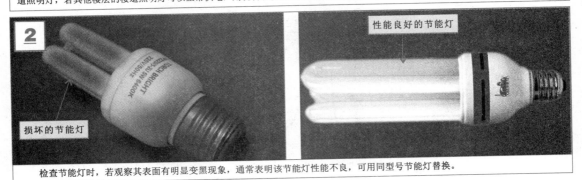

检查节能灯时，若观察其表面有明显变黑现象，通常表明该节能灯性能不良，可用同型号节能灯替换。

**3**

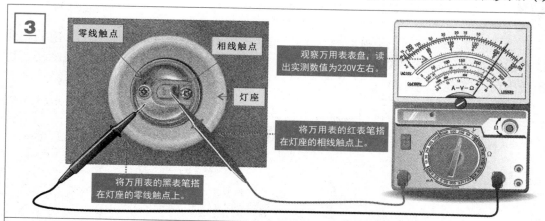

零线触点

相线触点

灯座

观察万用表表盘，读出实测数值为220V左右。

将万用表的红表笔搭在灯座的相线触点上。

将万用表的黑表笔搭在灯座的零线触点上。

当节能灯正常时，应当对灯座进行检查。查看灯座中的金属导体是否锈蚀，然后使用万用表检查供电电压，将两只表笔分别搭在灯座金属导体的相线和零线上，应当检测到交流220V左右的供电电压。

**4**

将损坏的触摸延时开关从墙上拆卸下来。

触摸延时开关
TOUCH DELAY SWITCH

将性能良好的触摸开关安装到原来的位置，并将连接线重新连接。

当灯座正常时，应当继续对控制开关进行检查。楼道照明控制线路中使用的控制开关多为触摸式延时开关、声光控延时开关等，可以采用替换的方法对故障进行排除。

## 特别提醒

触摸式延时开关的内部由多个电子元器件与集成电路构成，因此不能使用单控开关的检测方法对其进行检测。当需要判断其是否正常时，可以将其连接在220V供电线路中，并在电路中连接一只照明灯，在确定供电线路与照明灯都正常的情况下，触摸该开关，若可以控制照明灯点亮，则说明正常；若仍无法控制照明灯点亮，则说明已经损坏。

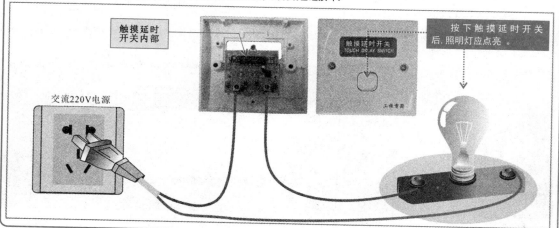

触摸延时开关内部

交流220V电源

触摸延时开关
TOUCH DELAY SWITCH

按下触摸延时开关后，照明灯应点亮。

当室外照明控制系统出现故障时，可以根据室外照明控制系统的检修流程进行检修。下面分别介绍小区照明控制系统的检修方法以及公路照明控制系统的检修方法。

### ◆ 1. 小区照明控制系统的检修方法

当小区照明控制系统出现故障时，应查看该照明控制系统的控制方式。该系统的控制方式为：由小区路灯控制箱中的小区照明支路连接控制器，由控制器连接照明路灯并对其进行控制。该系统中的一个控制器可以控制其输出主供电线路上的照明路灯。当控制器控制的照明线路中出现故障时，应当根据检修流程进行检查。

【小区照明控制系统】

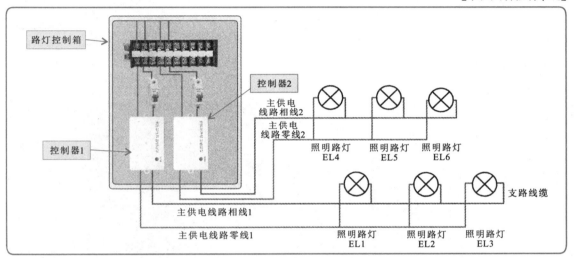

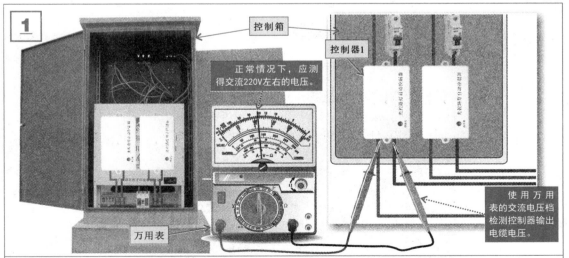

【小区照明控制系统的检修方法】

当小区照明线路中主供电线路1上的照明路灯EL1、EL2、EL3不能正常点亮时，应当检查路灯控制箱中送出的主供电线路是否有供电电压。

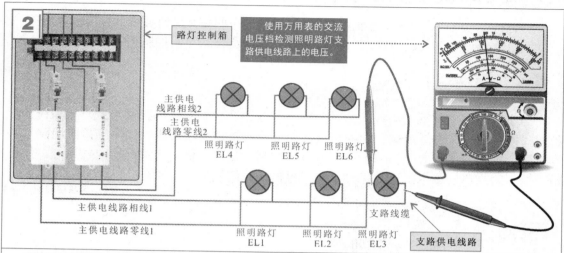

**2** 路灯控制箱

使用万用表的交流电压档检测照明路灯支路供电线路上的电压。

主供电线路相线2
主供电线路零线2

照明路灯 EL4　照明路灯 EL5　照明路灯 EL6

主供电线路相线1

主供电线路零线1

照明路灯 EL1　照明路灯 EL2　照明路灯 EL3

支路线缆

支路供电线路

当输出电压正常时，应当对主供电线路进行检查，可以使用万用表在照明路灯EL3处检查线路中的电压，若该处无电压，则说明线路有故障，应当对其进行检查。

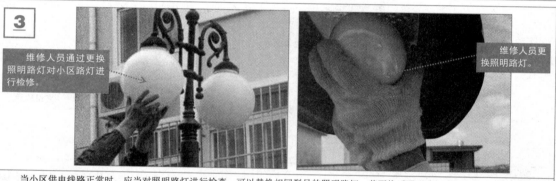

**3**

维修人员通过更换照明路灯对小区路灯进行检修。

维修人员更换照明路灯。

当小区供电线路正常时，应当对照明路灯进行检查，可以替换相同型号的照明路灯，若更换后照明路灯可以点亮，则说明原照明路灯有故障。

---

**特别提醒**

在对小区照明控制线路进行检修时，若需要更换线缆或控制器，则应注意将控制箱中的总断路器断开，然后才可以进行检修，避免维修人员发生触电等事故。

检修前，应断开控制箱中的总断路器。

在公路照明控制系统中，由路灯控制器对路灯的供电进行控制，进而控制其工作状态。当公路照明线路中的一盏照明灯不能正常点亮时，应根据检修流程进行检查。

**【公路照明控制系统】**

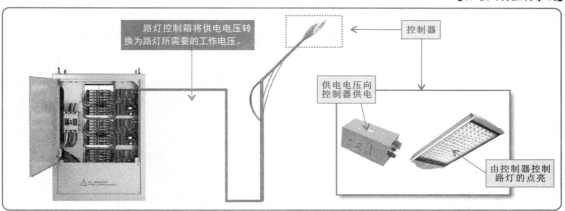

路灯控制箱将供电电压转换为路灯所需要的工作电压。

控制器

供电电压向控制器供电

由控制器控制路灯的点亮

**【公路照明控制系统的检修方法】**

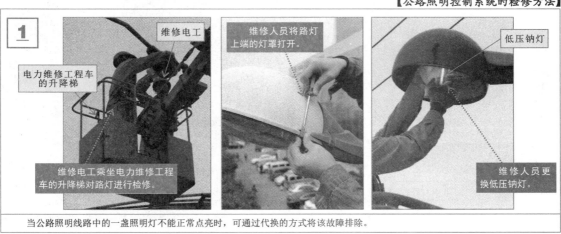

维修电工

维修人员将路灯上端的灯罩打开。

低压钠灯

电力维修工程车的升降梯

维修电工乘坐电力维修工程车的升降梯对路灯进行检修。

维修人员更换低压钠灯。

当公路照明线路中的一盏照明灯不能正常点亮时，可通过代换的方式将该故障排除。

**特别提醒**

使用电力维修工程车进行照明控制线路的维修时，应当在电力维修工程车后方设立警示牌，以确保维修人员安全。

维修电工

电力维修工程车的升降梯

进行照明控制系统的维修时，应当设立警示牌。

**2**

维修人员对电气控制器件进行检测。

路灯控制器

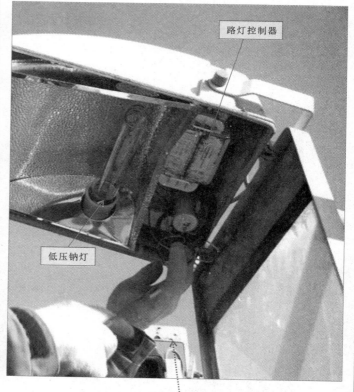

低压钠灯

维修人员检测照明供电（供电变压器输出）。

维修人员拆卸路灯控制器。

当照明路灯正常时，应当检查灯控系统中的电气控制部件、变压器供电，也可以通过替换的方法检测控制器。

---

**特别提醒**

公路照明线路设有专用的城市路灯监控系统，可以对公路照明线路进行监控和远程控制。通常，城市路灯控制系统多采用微型计算机控制，可实现自动开启和关闭、循环起动等功能。

智能路灯控制器

智能时控器（微型计算机时控开关）